2013 年度教育部人文社会科学研究规划基金项目
（项目批准号：13YJA720019）

Realism in Ecological Experiment
How to Acquire True Experimental Results

生态学实验实在论
如何获得真实的实验结果

肖显静 著

科学出版社

北 京

图书在版编目（CIP）数据

生态学实验实在论：如何获得真实的实验结果 / 肖显静著. —北京：科
学出版社，2018.8
　ISBN 978-7-03-058512-7

Ⅰ.①生…　Ⅱ.①肖…　Ⅲ.①生态学-实验-研究　Ⅳ.①Q14-33

中国版本图书馆 CIP 数据核字（2018）第 183809 号

责任编辑：邹　聪 / 责任校对：邹慧卿
责任印制：吴兆东 / 封面设计：有道文化
编辑部电话：010-64035853
E-mail：houjunlin@mail.sciencep.com

科 学 出 版 社 出版
北京东黄城根北街 16 号
邮政编码：100717
http://www.sciencep.com
北京厚诚则铭印刷科技有限公司印刷
科学出版社发行　各地新华书店经销
＊
2018 年 8 月第　一　版　开本：B5（720×1000）
2024 年 1 月第四次印刷　印张：14 1/4
字数：220 000
定价：78.00 元
（如有印装质量问题，我社负责调换）

序
一

肖显静教授发来一部书稿，是有关生态学实验的。他请我为该书作序。当我看到该书主书名是"生态学实验实在论"时，我有点儿犹豫。原因一是我并不了解生态学，二是该书似乎是科学哲学类的。但当我看到该书的副书名"如何获得真实的实验结果"，并且进一步阅读了目录和全书之后，我觉得还是可以为其作序的。

事实上，该书不是纯粹的科学哲学类著作，更多的是生态学实验方法论和认识论的著作，即以生态学工作者在实验过程中遇到的问题为出发点，以如何获得一个真实的实验结果为归宿，展开论述。虽然在此论述过程中会涉及科学哲学的内容，但是，这些内容是为阐述、分析和解决具体的生态学实验难题服务的。

例如，对于生态学实验的根本原则，该书指出，应该遵循"自然的发现"原则而非"自然的建构"原则。强调生态学实验主要研究的是自然界中存在的生物与环境之间的关系，而不是实验室里人工建构出来的生物与环境之间的关系。因此，在生态学实验过程中，对实验对象的"操纵"或"处理"就要把握幅度：幅度过大，不能获得关于真实自然之生物与环境的相关认识；幅度过小，则又无法有效地认识它们。可行的是，在"处理"而非"干涉"自然的过程中，在不改变生物与环境关系根本特性的基础上，获得相关认识。

应该说，这样的研究及其认识还是有一定价值的。生态学是一门新兴科学，不像传统科学如物理学、化学等那样，主要研究实验室中建构出来的对象。生态学研究对象的复杂性、有机整体性等，决定了生态学实验不同于传统的科学实验，需要生态学家进行新的研究，探寻适合生态学研究对象的实验类型、实验仪器种类、实验的真实性、实验的可重复性，以及实验的时间和空间尺度，等等。从目前来看，生态学家对这些涉及学科发展的根本性问题进行了探讨，成就斐然；但是对于一些事关学科的根本性问题，还需要人文学者，尤其是科学哲学工作者参与进来，展开生态学和哲学研究，阐述一般性的原则。

肖显静教授在后一方面做了有益的尝试。他本科学的是理科，硕士和博士学的是科学技术哲学，近些年从事生态学哲学和科学方法论研究，兼有自然科学和哲学的背景，对生态学实验所涉及的真理与方法论问题进行了科学和哲学的探讨，给出了生态学实验需要遵循的一系列原则。例如，生态学实验要"回归自然"，体现"自然性"特征；生态学实验仪器要能够"自然回推"，以与自然相一致；生态学实验要确立"有效性"以测量真实事物，提高"准确性"以降低系统误差，增加"精确性"以保证可靠性，最终体现"真实性"原则，等等。这些原则对于生态学及其他相关学科的研究者更好地了解生态学与生态学实验，具有一定的启发价值和指导意义。在此，我向生态学及其他相关学科的研究者推荐这本书。

陆大道

中国科学院院士

2018 年 6 月于北京

序

二

　　生态学不同于传统科学，被一些学人称为"后现代科学""软科学"。这种称谓不尽合理，但也有一定道理，主要原因在于生态学研究的不成熟。有的生态学家认为，生态学中缺乏进步，生态学中没有出现普遍性的理论，生态学概念有缺陷，生态学家不能检验他们的理论。[1]考察生态学的研究现状，虽然不尽如此，但也确实存在。这种状况使得某些生态学家退而求其次，降低生态学的研究目标，从科学实在论的"真理性"坚守和追求，走向工具论的"有效性"认定和累积。如彼德斯（Peters）就认为，生态学理论中的 why 问题会导致无限后退，即更多的 why 问题没有答案，应该做的就是寻求简单的、以经验为基础的理论；理论既不是真的也不是假的，而是有效的或无效的，只对它们的断言（预测）做出判断。[2]由此，彼德斯走向反科学实在论。

　　进一步的问题是：像彼德斯那样走向反科学实在论的情况，在生态学研究领域普遍吗？肖显静教授的研究表明，并不普遍，在生态学实验研究领域中，绝大多数生态学实验者都是科学实在论者，他们坚信生态学能够获得自然对象的真实认识，并且在生态学实验实践中努力贯彻这一点。相关内容参见他的新作《生态学实验实在论——如何获得真实的实验结果》。

　　在导论部分，肖显静基于生态学实验研究对象及其目标分析，指出生态

---

[1]　大卫·福特. 生态学研究的科学方法[M]. 肖显静，林祥磊，译. 北京：中国环境科学出版社，2012：438-444.

[2]　Peters R H. A Critique for Ecology[M]. Cambridge：Cambridge University Press，1991.

学实验就是要去发现自然界中存在的生态现象——"自然的发现"，它引导生态学实验者在具体的科学实践过程中千方百计地实现这一点。

——生态学实验有各种类型，具有不同特征：测量实验"观测"自然，操纵实验"处理"自然，宇宙实验"模拟"自然，自然实验"追随"自然……它们都在"回归自然"，以尽量获得自然状态下生态对象的认识。这体现了生态学实验的本质特性——"自然性"。

——生态学实验仪器有各种类型，但更多的是观察仪器和测定仪器，这类仪器既不属于哈金（Hacking）的"现象创造"[①]，也不属于拉图尔（Latour）的"铭写装置"[②]，而是属于哈雷（Harré）的"作为世界系统的模拟"及"与世界有着因果关系的工具"[③]，接近自然，"回推自然"，与自然相一致。

——生态学实验是复杂的，其"有效性""准确性"与"真实性"是统一的，确立"有效性"以测量真实事物，提高"准确性"以降低系统误差，都是获得"真实性"所必需的。对于"精确性"与"真实性"之间的关系，是非统一的，由此，如何权衡这两者也成为生态学家的关注点。在生态学实验中，真实性是最终的追求，有效性、准确性、精确性的追求为真实性服务。

——科学实验正确与否是以其是否重复为根据的，这被称为"可重复原则"。对于生态学实验，"可重复"变得困难。究其原因，根本上在于认识对象的复杂性，以及在其基础上导致的认识的不正确、认识方法的不完善以及认识态度的不端正。这种状况必须改善。但是，这种改善仍然不能以损害生态学实验的"真实性"为代价。

——生态学实验是尺度关联的，生态学实验者非常重视"尺度依赖""尺度效应"及"尺度推绎"等。究其原因，不在于这些概念自身，而在于由此生态学研究者究竟在多大意义上通过生态学实验对象的操作尺度的选择和贯彻，以获得与生态学实验对象尺度相关的属性的认识。这是尺度关联的生态学实验实在论。

---

① Hacking I. Representing and Intervening[M]. Cambridge：Cambridge University Press，1983.

② Latour B，Woolgar S. Laboratory Life：The Construction of Scientific Facts[M]. Cambridge：Harvard University Press，1986.

③ Harré R. The materiality of instrument in a metaphysics for experiments[M]//Radder H. The Philosophy of Scientific Experimentation. Pittsburgh：University of Pittsburgh Press，2003.

以上是本书的一些基本结论。它们是作者根据国内外（主要是国外）相关生态学实验研究文献获得的，是站得住脚的，体现了自然主义科学哲学的特色。它表明，在生态学领域，实验实在论是生态学家的追求，而非生态学哲学家的抽象论证，由此，该书对于生态学实验研究，具有纲领性的指导作用，这是难能可贵的。以往的实验实在论者的研究更多地基于科学实在论的基本观点展开论证（或辩护或反驳），而该书作者的"生态学实验实在论"研究：首先从具体的生态学实验研究文献出发，发现生态学家面临的相关问题以及争论；然后运用传统的科学哲学思想资源，对其进行研究，提炼出一般性的哲学结论；最后再考察将此结论应用到具体化的生态学研究中的合理性。这是从科学到哲学再到科学的研究过程，既具有科学性，也具有哲学性。

第一，依据分类的哲学原则，指出生态学实验分类的欠缺，并对此欠缺加以完善。

第二，以实验室建构论为背景，分析各种生态学实验的特点，概括其总的特征为"自然性"，以与传统科学实验"建构性"特征相区别。

第三，基于仪器哲学，对各种生态学实验仪器与实验对象之间的关系进行分析，得出其"自然回推"的一般特征。

第四，基于实验"可重复"哲学，对生态学实验三种"可重复"加以辨别，并且在此基础上，系统探讨生态学实验的困难及其改善路径，以及生态学实验"可重复原则"实施策略。

第五，系统考察并统计中国大陆生态学实验"伪复现"状况。这对于中国大陆生态学界了解并采取措施避免生态学实验"伪复现"，具有重要的意义。

第六，提出并且区分生态学实验的对象尺度和生态学实验对象的操作尺度，生态学实验的对象尺度之内在尺度与外在尺度，生态学实验对象的操作尺度之观测尺度和分析或模拟尺度，以及与这两者对应的本征尺度和表征尺度；提出生态学实验尺度关联的实在论原则——本征尺度与表征尺度相统一。

这些研究大多国外还未进行，或者只是刚刚开始，属于首创，具有重要的学术价值。它为生态学家进行具体的生态学实验研究，提供科学和哲学的指导；有助于推进并且开拓生态学实验实在论研究，拓展并且丰富科学实验哲学的疆域和内涵。

当然，该书也有不尽完善之处。由于该书作者基于生态学的认识目标，认定生态学实验的最终目的就是获得自然界中存在的生物与环境之间关系的认识，因而在搜寻生态学实验资料以及在进行相关论证的过程中，就难免集中于那些持有生态学实验实在论的文献而遗漏那些持有反生态学实验实在论的文献，由此也导致该书呈现大一统的生态学实验实在论状况。鉴此，一个必要的补充是对生态学实验反实在论，如生态学实验建构论或工具论等展开深入研究，给出相应的看法，尽管生态学实验反实在论可能并非普遍存在。

郭贵春

国家重点学科科学技术哲学首席科学家

2018 年 6 月于太原

目 录

为什么要进行"生态学实验实在论"研究

　　虽然生态学实验出现较晚，在 20 世纪七八十年代逐渐兴起，但是，随着现代科学的发展和技术的进步，越来越多的新的生态学实验仪器和实验技术涌现出来，生态学实验实施的广度和深度的日益增加，使生态学实验已经成为生态学研究的重要方法。不过，鉴于生态学实验对象的特殊性和生态学实验本身的复杂性，有关生态学实验的分类和内涵，生态学实验能否获得对自然界中存在的生物与环境关系的认识，以及生态学实验能否重复及重复性如何等问题，仍然存在争论，需要进一步探索。

一、生态学实验：自然的"发现"

　　生态学是一门研究自然界中的有机体与其生存环境之间相互关系的科学，其研究对象具有开放性、复杂性、非决定性、层级性、历史性和有机整体性等特征。这就使得它与传统物理学、化学等"硬科学"有很大的不同，被某些学者称为"软科学"①或"后现代科学"②③。这种不同也具体体现在传统科学实验和生态学实验的区别上。

　　传统的科学实验，是实验者在渗透相关理论的前提下，运用一定的实验仪器，对实验对象进行干涉（intervening），从而获得相应的实验现象。这里的实验现象，既可以是自然界存在的或发生的现象，也可以是实验室环境

---

① Pigliucci M. Are ecology and evolutionary biology"soft"sciences?[J]. Annales Zoologici Fennici，2002，39（2）：87-98.
② 余晓明. 生态学与后现代主义哲学[J]. 南京理工大学学报（社会科学版），2004，17（2）：19-21.
③ 叶立国. 生态学的后现代意蕴[J]. 学术论坛，2009，（4）：28-31.

下在实验过程中制造出来的对象和现象，但多数是后者。关于这点，西方科学技术论的"实验室研究"给予了更多的揭示。谢廷娜（Cetina）认为，"在实验室中找不到自然"[1]，"对于外部世界的观察者而言，实验室展示为一个行动场所，在这里，'自然'被尽可能地排除出去，而不是纳入进来"。[2]如此，在传统的科学实验中，所得到的科学知识大多是非自然的，是人工建构的产物。

对于生态学实验，情况有所不同。它的认识目标应该与生态学的认识目标相一致，是对生物与环境之间的关系的认识。要想达到这一认识目标，首先就要清楚这里的"生物"和"环境"究竟指的是什么？根据当代生态学的发展，这里的"生物"通常指的是"自然界中的生物"，有时也包括人类；这里的"环境"通常指的是围绕生物或人类周围的"自然环境"。[3]如此，生态学不仅要研究非人类生物与环境之间的关系，还要研究人类生物与环境之间的关系。不管是研究哪一类关系，生态学研究的都是自然界中生物与环境之间的关系，其研究对象应该更多的是或主要是"自然对象"和"自然环境"[4]，其研究的关系也只有在"自然环境"中才成立或只有在"自然环境"中研究才有意义或有更多的意义。这就给生态学实验施加了原则性的限制，即生态学实验应该是实验者在一定的理论指导下，运用一定的实验仪器，对"自然发生"的生物与环境之间的关系进行认识。

当然，这里的"自然发生"概念需要澄清。它既是在存在论或本体论的意义上使用的，也是在认识论和方法论的意义上使用的。就前者而言，"自然发生"不仅指"无人的自然"的"自然发生"，也指"有人的自然"的"自然发生"；就后者而言，为了获得自然界中所存在的生物与环境间的关系的认识，

---

① Knorr-Cetina K. The Manufacture of Knowledge: An Essay on the Constructivist and Contextual Nature of Science [M]. Oxford: Pergamon University Press，1981：4.

② Knorr-Cetina K，Mulkay M J. Science Observed: Perspectives on the Social Study of Science[M]. London: Sage Publications，1983：115-140.

③ 从过去的自然演化和人类演化的历史看，古代的自然环境更多地不包含或少包含人类，而现代的自然环境更多地包含人类，甚至人类成为自然环境变化的最主要影响因素之一。由此，研究古代生态学，可以少考虑人类；而研究现代生态学，则应该更多地把人类的因素考虑进去，虽然现代生态学对此做得不是很好。

④ 需要说明的是，这里的"自然"是广义上的，是包含了人类或者受到了人类影响的自然。如无说明，本文中的"自然"都是在这一意义上而言的。

生态学实验者应该让其"自然发生"，不干涉或不改变其"自在状态"，或者虽然对其"自在状态"有所改变，但是，这种改变并没有本质性地影响到其"自在状态"，从而最终使得生态学认识者获得或者基本上获得生物与环境之间的"自在"关系的认识。

这与"科学观察"中的"自然发生"有所不同。生态学实验的"自然发生"不是指人类对被研究的对象不进行"干涉"，进行纯粹的"看"，而是指研究者可以对生态学实验对象（包括生物和环境及其关系）进行相应的"干涉"[①]，只是这样的"干涉"不要与生态学的认识目标——获得自然界中"自在状态"的生物与环境的关系相矛盾。

这就是生态学实验的目标或者贯彻实施的一般性原则。这一原则与传统的科学实验的原则是不一样的。传统的科学实验总的宗旨是对实验对象施加各种各样的干涉，如通过"纯化和简化实验对象，加速或延缓实验过程，强化和再现实验现象"等获得有效认识；在实验中能做的，我们就可以去做而且应该去做，"不怕做不到，就怕想不到"，只要能做到的，就应该尽量去做。可以说，传统科学的认识就是在不断深化理论渗透，改进仪器设备，改善贯彻实验方案的过程中向前推进的。而生态学实验总的宗旨是要采取各种措施，以获得"自然状态下"生物与环境之间关系的认识。这就使得在生态学实验中，很多能做的却不应该去做，而应该是在不干涉或少干涉实验对象，以至于"在没有破坏'自然发生'的条件下"，获得对生物与环境之间关系的认识。

上述原则给生态学实验施加了原则性的限制。可以说，几乎所有的生态学实验（包括生态学实验室实验和生态学野外实验）都在贯彻这种原则，即直接面向大自然，以自然界中存在的生物与环境之间的关系为模本，努力获得对这种关系的认识。如由美国能源部的亨得利（Hendrey）等设计，由位于亚利桑那州凤凰城的美国农业部水分保持实验室最早应用的"大气环境下 CO_2 气体浓度增加"（free-air CO_2 enrichment，FACE）实验，即在田间状态下直接通入高浓度的 CO_2，就是如此。[②]

---

① 为了表示生态学实验的这种"干涉"与传统科学实验中的不同，生态学家用"处理"（treament）一词代替传统科学实验之"干涉"。具体内涵参见本书第二章相关论述。

② Hendrey G R，Lipfert F W，Kimball B A，et al. Free air carbon dioxide enrichment（FACE）facility development II field tests at Yazoo City，M S，1987[R]. Report 046，US Department of Energy，Carbon Dioxide Research Division，Office of Energy Research，Washington D C，1988.

这可以被看作生态学的"自然的发现"。在这种语境下,生态学实验更多地从实验室走向野外,"回归自然",进行野外实验(field experiment)——在更接近实验对象存在和生长的环境条件下,对自然界中发生的生物与环境之间的关系进行认识,也就可以理解了。

当然,生态学实验中更多的实验室实验走向野外实验,并不意味着不要实验室实验。劳顿(Lawton)通过案例研究发现,生态学实验室实验有 4 个方面的优点:"第一,它们在数学模型(含有一种或非常少的物种及忽略了许多本质的联结)的简单性及完全的现实世界的复杂性之间,提供了易处理的然而是生物学上存在的由此及彼的现实桥梁。如果我们不能理解诸如生态气候室中的那些简单的生态系统,我们就不可能理解更复杂的自然界中的生态系统;第二,试图产生并且维持实验室中简单的生态系统的行为,在一定范围内能够检验生态学的相关知识;第三,实验室实验加快了研究的速度;第四,这些实验给予在野外实验中不可能给予的一定程度的控制和重复。"[1]

不可否认,生态学实验室实验也存在许多欠缺,从而受到许多人的批判。劳顿就认为:"实验室系统的人工特征,限制了被实验生物分类学意义上的栖居地,普遍地消除了自然界中存在的环境扰动,缩小了相关的时空和对象的尺度,等等,由此使得被贯彻的实验就其最好的方面来说是无害的游戏,就其最坏的方面来说是浪费时间和金钱。"[2]

上述对生态学实验室实验的批判,集中于它能否准确反映自然界中的真实状况。就此而言,生态学实验室实验与生态学野外实验一样,仍然是以"回归自然"为旨归;研究人员能进行生态学野外实验的,一般就不进行生态学实验室实验了,故生态学野外实验成为生态学实验的主体。

二、生态学实验者都是实验实在论者

对于生态学实验(包含实验室实验和野外实验),是与传统科学实验有着根本的不同的。它主要不是"自然的建构",而是"自然的发现",即发

---

[1] Lawton J H,Ecological experiments with model systems[M]//Resetarits Jr W J,Bernardo J. Experimental Ecology:Issues and Perspectives. New York:Oxford University Press,1998:178.

[2] Lawton J H. Ecological experiments with model systems[M]//Resetarits Jr W J,Bernardo J. Experimental Ecology:Issues and Perspectives. New York:Oxford University Press,1998:178-179.

现自然界中存在的生物与环境之间的关系；否则，就是不真实的、不合理的。这给生态学家进行实验施加了原则性的限制和挑战，需要他们回答一系列问题。

第一，生态学实验的种类有哪些？它与传统科学实验的种类有何不同？应该如何对生态学实验进行分类才能更加体现其特征？目前的生态学实验分类存在什么样的欠缺？应该加以什么样的完善？

第二，就当前生态学实验分类，分为"测量实验""操纵实验""宇宙实验""自然实验"等。这些种类的实验定义和内涵如何？具有什么样的特征？为何具有这样的特征？

第三，生态学实验使用了哪些种类的仪器？这些种类的仪器完成什么样的功能？具有什么样的特征？它们与被研究的生态学对象之间有什么样的关系？为什么会有这样的关系？

第四，生态学实验的"有效性""准确性""精确性"的内涵是什么？它们与"真实性"之间有什么样的关系？如何处理它们之间的这种关系？

第五，生态学实验"可重复"的情形有哪些？分别具有什么样的内涵？生态学实验"可重复"的现状如何？造成此现状的原因是什么？如何改善生态学实验"可重复"不佳的状况？如何在生态学实验中贯彻"可重复原则"？

第六，生态学实验"伪复现"有什么样的内涵及表现？生态学实验中真的存在"伪复现"吗？如果真的存在，在国内外生态学实验文献中的表现怎样？如何避免这样的"伪复现"？

第七，生态学实验是受到时空尺度限制的，问题是，这样的时空尺度究竟是生态学实验的尺度还是生态学实验对象的尺度？生态学实验对象的尺度存在吗？如果存在，则如何"限制"，以正确认识生态学实验的对象尺度。

分析上述问题及生态学家对此类问题的解决，可以发现，事实上都是为了回应"生态学实验是否认识到自然界中存在的生物与环境之间的相互关系"这一问题，事关生态学实验及其相关认识是否正确，属于科学实在论的范畴。

对于科学实在论，范·弗拉森（van Frassen）给出 3 个原则：第一，有一个真实的世界；第二，科学方法发现了真实的世界；第三，科学在其理论中旨在给予我们一个关于世界是什么样的实在的真的描述，对科学理论的接受包含着相信它为真的信念。^①以这 3 个原则考察实验生态学家，可以发现：第一，他们相信存在一个真实的生物与环境关联的世界，以供他们进行实验；第二，他们相信能够探索性地运用各种方法，以发现这一真实的生物与环境之间关联的世界，否则，他们不会进行相关的实验以展开相关研究；第三，他们充分意识到要正确地认识真实的生物与环境之间关联的世界是不容易的，甚至有时是异常艰难的，因此，他们在实验过程中，对实验本身进行研究，加深对生态学对象的理解，改进实验，以获得更加正确的认识；第四，实验完成后，他们会进行"可重复实验"，或者对实验进行"元分析"（meta-analysis）^②，以确定此"正确性"，最后给出某些生态学实验以"正确性"的结论，虽然这样的"正确性"并不是绝对的。

上述实验生态学家有关实验的 4 个方面表明，他们坚持了范·弗拉森有关科学实在论的第一个原则和第二个原则，属于"实验实在论者"（experiment realist）^③。至于他们是否坚持第三个原则，则需要具体考察。事实上，在某些实验生态学家看来，生态学中缺乏进步，没有出现普遍理论，概念有欠缺，理论不能被检验，等等。^④如此，对于这些实验生态学家来说，通过理性主义的方法如数学方法、逻辑演绎推理方法等建构普遍性、演绎性的理论生态学不再可能，可能的就是通过经验主义的方法如观察方法、实验方法、博物学方法等获得经验材料，并最终形成描述性的自然科学——实验生态学。如此，他们是生态学理论上的反实在论者（antirealist），以及实验上的实在论者。

三、如何进行生态学实验实在论研究

既然生态学实验者都是实验实在论者，那么，他们在实验过程中是如何

① van Frassen B C. The Scientific Image[M]. Oxford：Clarendon Press，1980.

② "元分析"（meta-analysis），在生态学领域中，有时又称作"元研究"（meta-research）、"再研究"（re-research）、"再分析"（re-analysis）。具体内涵参见本书第五章。

③ 事实上，生态学"实验实在论"与传统科学"实验实在论"的含义有所不同：前者更多地针对的是自然界中的对象，后者更多地针对的是实验室中的对象。前者即使作为一个手段，也只是去发现自然界中已经存在的对象或现象；后者可以作为一个手段，去操作并且以此鉴定某种概念如电子是否存在[像哈金（Hacking）]。前者认识的正确几乎是以野外为背景，以相关认识是否与自然界中的生物与环境之间关联的"自在状态"作为裁决；后者认识的正确是以实验室为背景，以科学家自身及其相互间的实验"可重复"作为裁决。

④ Ford E D. Scientific Method for Ecological Research[M]. Cambridge：Cambridge University Press，2000：499-506.

追求并体现实验实在论的呢？他们采取了什么样的措施，施行了什么样的方法论的原则，以保证所获得的生态学实验认识与自然界中存在的生物与环境之间的关系相一致呢？这是本书关注的焦点。

为了更好地开展这项研究，笔者采取的策略是：从生态学自身出发，查询相关数据库，收集整理与生态学实验实在论相关主题如生态学实验的分类、特征、宗旨，以及生态学实验科学仪器、"可重复"、尺度关联等资料，进行研读，提炼出相关的问题和主题；然后运用科学哲学尤其是科学方法论的相关知识，结合生态学实验的具体案例，对这些问题和主题展开深入分析，最终给出生态学实验实在论的一般的方法论原则。

这里以生态学实验"可重复"及"伪复现"为例简要加以说明。

对于传统科学，科学家进行的几乎全是实验室实验，所获得的科学事实几乎是"实验室实验的事实制造"，其重复性是很高的，甚至到了如果不能重复就不能被确认的程度。而对于生态学实验者，进行的几乎都是野外实验，其"可重复"[①]是较差的，这点对于那些大尺度生态学实验，如景观生态学实验、生态系统生态学实验等，尤甚。派克（Pike）指出，活力论者（Vitalist）认为生物学现象是不可重现的，而机械论者则认为生物学现象是可重现的（repeatable）。[②]阿博特（Abbott）研究微宇宙实验时发现，实验在严格限定的条件下，并且只是在统计学基础上才有可能复现（republicate）。[③]哈格罗夫（Hargrove）等认为，在大尺度上进行重现（repeatment）实验是很困难的，因为随着时空尺度的增大，重现的难度增大了。除了费用等与人有关的原因外，稀有的不可重现的事件也会变得常见起来。此外，像自然实验（natural experiment）这种特殊的野外实验，也是极难复现的。[④]辛德勒（Schindler）认为，小尺度的生态学实验通常具有较高的复现性，但结果的"实在性"较低，

①　与中文"可重复"对应的英文单词有"repeatability"（笔者译作"重现性"）、"reproducibility"（笔者译作"再现性"）、"replicability"（笔者译作"复现性"）。至于这三个单词之间的词义内涵及区别，参见本书第五章。

②　Pike E W. Biology and the principle of reproducibility[J]. Science，1933，9（20）：265-266.

③　Abbott W. Microcosm studies on estuarine waters I the replicability of microcosms[J]. Control Federation，1966，38（2）：258-270.

④　Hargrove W W，Pickering J. Pseudoreplication：A sine qua non for regional ecology[J]. Landscape Ecology，1992，6（4）：251-258.

大尺度实验难以复现，结果却更真实。①蒙吉亚（Munguia-Vega）等对一个模型实验的研究表明，这一模型实验无法重现。②埃利森（Ellison）认为，这是由于生态学现象是背景依赖的，而背景在时间和空间上变化，精确或量化地重现任何单独实验或观察性生态学野外研究实际上是不可能的。③洛-盖（Lauzon-Guay）等考察了蒙吉亚等的前述研究后认为，可重现性和可再现在生态学中尤其难以达到，因为生态学现象依赖于在空间和时间上变化的生物因素和非生物因素。④

由此引出的问题是：生态学实验"可重复"真的很差吗？甚至，生态学实验真的"不可重复"吗？如果要提高生态学实验的"可重复"，同时又要保证实验认识的"实在性"，则应该采取哪些措施呢？

不仅如此，美国学者赫尔伯特（Hurlbert）在 1984 年提出并定义了生态学实验中的"伪复现"（pseudoreplication）这一概念，认为正是生态学实验内部设计的不合理性，导致了生态学实验的统计无效或存在欠缺，呈现出"伪复现"的状况。⑤他的这一观点提出后，受到一些人的赞同，同时也受到一些人的质疑，引起争论。参与争论的有霍金斯（Hawkins）⑥、哈格罗夫和皮克林（Pickering）⑦、奥克萨宁（Oksanen）⑧、科兹洛夫（Kozlov）⑨、塔塔尔

① Schindler D W. Replication versus realism: The need for ecosystem-scale experiments[J]. Ecosystems, 1998, 1（4）: 323-334.

② Munguia-Vega A, Torre J, Castillo-Lopez A, et al. Microsatellite loci for the blue swimming crab（Callinectes bellicosus）（Crustacea: Portunidae）from the Gulf of California, Mexico[J]. Conservation Genetics Resources, 2010, 2（1）: 135-137.

③ Ellison A M. Repeatability and transparency in ecological research[J]. Ecology, 2010, 91（9）: 2536-2539.

④ Lauzon-Guay J, Lyons D A. Reproducibility in simulation experiments: comment on Munguia, et al.（2010）[J]. Marine Ecology Progress, 2011, 432: 299.

⑤ Hurlbert S H. Pseudoreplication and the design of ecological field experiments[J]. Ecological Monographs, 1984, 54（2）: 187-211.

⑥ Hawkins C P. Pseudo-understanding of pseudoreplication: A cautionary note[J]. Bulletin of the Ecological Society of America, 1986, 67（2）: 184-185.

⑦ Hargrove W W, Pickering J. Pseudoreplication: A sine qua non for regional ecology[J]. Landscape Ecology, 1992, 6（4）: 251-258.

⑧ Oksanen L. Logic of experiments in ecology: Is pseudoreplication a pseudoissue?[J]. Oikos, 2001, 94（1）: 27-38.

⑨ Kozlov M V. Pseudoreplication in ecological research: The problem overlooked by Russian scientists[J]. Zhurnal Obshchei Biologii, 2003, 64（4）: 292-307.

尼科夫（Tatarnikov）[①]、科兹洛夫和赫尔伯特[②]、尚克（Schank）和泽恩勒（Koehnle）[③]、弗里伯格（Freeberg）和卢卡斯（Lucas）[④]等等。争论概况如图 0-1 所示。

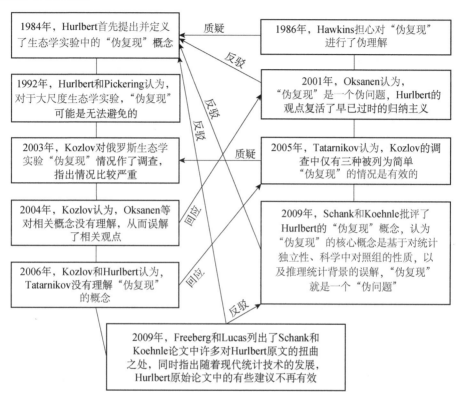

图 0-1　生态学实验"伪复现"真假之辩

由上述争论引出的问题是：生态学实验"伪复现"的内涵究竟如何？生态学实验中真的存在"伪复现"吗？如果存在，应该如何避免？生态学实验"伪复现"在中国大陆生态学实验文献中的表现如何？等等。

① Tatarnikov D V. On methodological aspects of ecological experiments（comments on Kozlov M V publication）[J]. Zhurnal Obshchei Biologii, 2005, 66（1）: 90-93.
② Kozlov M V, Hurlbert S H. Pseudoreplication, chatter, and the international nature of science: A response to Tatarnikov D V[J]. Journal of Fundamental Biology（Moscow）, 2006, 67（2）: 145-152.
③ Schank J C, Koehnle T J. Pseudoreplication is a pseudoproblem[J]. Journal of Comparative Psychology, 2009, 123（4）: 421-433.
④ Freeberg T M, Lucas J R. Pseudoreplication is（still）a problem[J]. Journal of Comparative Psychology, 2009, 123（4）: 450-451.

这些是需要研究的。这是从科学到哲学，以生态学实验中呈现的与实在论追求相关的问题为导向，针对具体的问题展开的科学和哲学研究，比较充分地体现了新时期科学哲学的"自然主义转向"，以及科学哲学为自然科学服务的旨趣。

上述关于生态学实验的争论，事实上涉及生态学实验"真理性"或"实在性"的问题。对这些问题的研究，应该说有非常重要的实际应用价值，对于生态学工作者意义重大：一是了解生态学发展中所发生的关于生态学实验实在论方面的争论；二是明确生态学实验的原则、目标、地位和作用；三是理解生态学实验与传统实验的异同；四是认识生态学实验实在论在生态学研究中的地位、作用及其意义，并在此基础上恰当地设计、实施和评价生态学实验，推动生态学研究。

当然，这样的研究对于哲学，尤其是科学哲学，也具有一定的价值：一是建立生态学实验实在论的理论体系——明确生态学实验的"实在性"，以及它们对于生态学认识的"真理性"意义，确立生态学实验实在论的认识策略和研究纲领；二是充实生态学哲学研究——生态学实验实在论是生态学哲学的重要组成部分，本项研究有助于拓展并深化生态学哲学关于实在论和反实在论的争论研究；三是丰富科学实验哲学研究——形成生态学实验实在论的研究主题，赋予科学实验等以新的哲学含义，一定意义上丰富新实验主义和科学知识社会学（SSK）的实验室研究。

第一章
生态学实验的分类及其完善

　　生态学实验承载着加深生态学理解和检验生态学理论的作用。同时生态学实验也在某种程度上蕴含着生态学作为一门学科的特征。生态学有时被看作一种后现代科学，这表明它与传统自然科学有某种区别。这种区别也让生态学实验与传统的自然科学实验有所不同。这种不同之一表现在生态学实验的类别上。就目前来看，不同的文献对生态学实验进行了不同的分类，采用了不同的分类标准。这些分类标准是否合理？为什么需要以不同的分类标准来划分生态学实验的类别呢？是否能够帮助我们客观、全面地理解生态学实验？为了解答这些疑问，首先需要对有关生态学实验分类的文献进行分析，反思其中的不足，并进而设想可能的完善途径。

第一节　现有的生态学实验分类概况

　　为了弄清生态学实验分类现有的研究情况，笔者进行了如下文献检索。

　　（1）在中国知网（CNKI）选定中国期刊全文数据库、中国博士学位论文全文数据库和中国优秀硕士学位论文全文数据库，以"'生态学'和'实验'"的逻辑组合进行题名或关键词或摘要的跨库高级检索，设定文献时间跨度为 1979～2012 年，共检索到 2635 篇相关文献，发现仅有 1 篇论文直接涉及生态学实验的分类（参考文献［1］①）。该文介绍了野外景观生态学实验的分类。

（2）在英文数据库 ScienceDirect（时间跨度为 1823～2012 年）、SpringerLink（时间跨度为 1832～2012 年）、JSTOR（时间跨度为默认全部出版日期）、ProQuest 博硕士论文全文数据库（时间跨度为默认全部出版日期）、Web of Science（时间跨度为 1864～2012 年）中，分别以"ecological experiment"和"ecology experiment"为检索词进行题名和关键词（或摘要）组合检索，检索结果见表 1-1（得到参考文献［2］②、［3］③、［4］④）。这三篇文献主要是为了讨论生态学野外实验设计而对生态学野外实验进行了分类。

表 1-1　英文数据库中的论文文献检索情况

检索数据库	检索词	文献篇数	有关生态学实验分类的文献篇数
ScienceDirect	ecological experiment	1906	0
	ecology experiment	950	0
SpringerLink	ecological experiment	1399	1
	ecology experiment	530	0
JSTOR	ecological experiment	674	1
	ecology experiment	280	0
ProQuest 博硕士论文全文数据库	ecological experiment	273	0
	ecology experiment	117	0
Web of Science	ecological experiment	422	1
	ecology experiment	235	0

（3）在中国国家图书馆馆藏目录中以"生态学实验"为检索词进行正题名书目检索，共检索到 43 本中文书籍，其中 8 本（即参考文献［5］⑤、

① 沈泽昊. 景观生态学的实验研究方法综述[J]. 生态学报，2004，24（4）：769-774.
② Hurlbert S H. Pseudoreplication and the design of ecological field experiments[J]. Ecological Monographs，1984，54（2）：187-211.
③ Hargrove W W，Pickering J. Pseudoreplication：Asine qua non for regional ecology[J]. Landscape Ecology，1992，6（4）：251-258.
④ Underwood A J. Components of design in ecological field experiments[J]. Annales Zoologici Fennici，2009，46（2）：93-111.
⑤ 娄安如，牛翠娟. 基础生态学实验指导[M]. 北京：高等教育出版社，2005.

[6]①、[7]②、[8]③、[9]④、[10]⑤、[11]⑥、[12]⑦）涉及生态学实验的分类；以"ecological experiment"为检索词进行正题名书目检索，且设定为词临近，共检索到 23 本相关英文书籍；设定同样检索条件，以"ecological experiments"进行检索，共得到 61 本英文书籍；以"ecology experiment"检索，共得到 62 本英文书籍；以"ecology experiments"检索，共得到 3 本英文书籍。对上述所得书籍进行筛选，最后共有 7 本（参考文献[13]⑧、[14]⑨、[15]⑩、[16]⑪、[17]⑫、[18]⑬、[19]⑭）涉及生态学实验的分类。其中，国内文献主要根据生态学分支学科和教学需要对生态学实验进行了分类，国外文献则根据生态学自身的特点对生态学实验进行分类。根据上述文献检索的大体情况可知，国内外针对生态学实验的分类所进行的专门研究很少，且多出现在生态学实验教科书中，未见对现有分类系统的梳理和分析评论。如此，很有必要针对生态学实验分类进行系统研究。生态学实验分类的现状怎样？现有生态学实验分类存在什么样的欠缺？系统的生态学实验应该怎样？这些是本章研究的主要问题。

考察并分析上述检索到的国内外生态学实验分类文献，得到相关概况，见表 1-2。

---

① 章家恩. 生态学常用实验研究方法与技术[M]. 北京：化学工业出版社，2007.
② 孙振钧，周东兴. 生态学研究方法[M]. 北京：科学出版社，2010.
③ 付荣恕，刘林德. 生态学实验教程（第 2 版）[M]. 北京：科学出版社，2010.
④ 李铭红. 生态学实验[M]. 杭州：浙江大学出版社，2010.
⑤ 王友保. 生态学实验[M]. 合肥：安徽人民出版社，2010.
⑥ 孙振钧. 生态学实验与野外实习指导[M]. 北京：化学工业出版社，2010.
⑦ 冯金朝. 生态学实验[M]. 北京：中央民族大学出版社，2011.
⑧ Diamond J. Overview：Laboratory experiments，field experiments and natural experiments[M]//Diamond J，Case T J，et al. Community Ecology. New York：Harper and Row，1986.
⑨ Nelson G H，Chapel H. Ecological Experiments：Purpose，Design and Execution[M]. Cambridge：Cambridge University Press，1989.
⑩ Scheiner S M，Gurevitch J. The Design and Analysis of Ecological Experiments[M]. New York：Chapman & Hall，1993.
⑪ Underwood A J. Experiments in Ecology：Their Logical Design and Interpretation Using Analysis of Variance[M]. Cambridge：Cambridge University Press，1997.
⑫ Resetarits W J，Bernado J. Experimental Ecology：Issues and Perspectives[M]. New York：Oxford University Press，1998.
⑬ 大卫·福特. 生态学研究的科学方法[M]. 肖显静，林祥磊，译. 北京：中国环境科学出版社，2012.
⑭ Karbam R，Huntziger M. 如何做生态学（简明手册）[M]. 王德华，译. 北京：高等教育出版社，2010.

表 1-2 国内外相关文献生态学实验分类概况①

文献序号	发表时间/年	文献语种	文献中生态学实验的分类	依据的分类标准
[1]	2004	中文	野外观测比较实验、操作性实验和计算机模拟实验	场所作用方式
[2]	1984	英文	测量实验（measurative experiment）和操纵实验（manipulative experiment）	作用方式
[3]	1992	英文	自然实验(natural experiment)和受控实验(controlled experiment)	作用方式
[4]	2009	英文	操纵实验和测量实验	作用方式
[5]	2005	中文	生物与环境实验、种群生态学实验、群落生态学实验和生态系统生态学实验	分支学科
[6]	2007	中文	田间实验和实验室实验	场所
			原地实验和受控实验	场所作用方式
			单因素实验、多因素实验和综合性实验	实验变量
			植物生态学实验、动物生态学实验、微生物生态学实验、化学生态学实验和分子生态学实验	分支学科
[7]	2010	中文	原地实验和受控实验	场所作用方式
[8]	2010	中文	基础性实验、综合性实验和研究性实验	教学需要
			个体生态学实验、种群生态学实验、群落生态学实验和生态系统生态学实验	分支学科
[9]	2010	中文	基础性实验和综合性实验	教学需要
			单因素实验、多因素实验和综合性实验	实验变量
[10]	2010	中文	基础性实验、综合性实验和研究性实验	教学需要
[11]	2010	中文	有机体与环境实验，种群结构、动态与种间关系实验，群落的结构、过程与功能实验，生态系统生态学实验，景观生态学实验，应用生态学实验	组织层次研究动机
[12]	2011	中文	生物与环境实验、种群生态学实验、群落生态学实验、生态系统实验、应用生态学实验	分支学科

① 文献[15]的第二版、文献[18]和文献[19]已有中译本，分别是：Scheiner S M, Gurevitch J. 生态学实验设计与分析（第 2 版）[M]. 牟溥主，译. 北京：高等教育出版社，2008；大卫·福特. 生态学研究的科学方法[M]. 肖显静，林祥磊，译. 北京：中国环境科学出版社，2012；Karban R, Huntzinger M. 如何做生态学（简明手册）[M]. 王德华，译. 北京：高等教育出版社，2010.

续表

文献序号	发表时间/年	文献语种	文献中生态学实验的分类	依据的分类标准
[13]	1986	英文	实验室实验（laboratory experiment）、野外实验（field experiment）和自然实验（nature experiment）	场所作用方式
[14]	1989	英文	森林实验、陆地演替群落实验、干旱环境实验、淡水实验、海洋环境实验	实验对象
			野外实验和实验室实验	实验场所
[15]	1993	英文	操纵实验、自然实验和观测实验（observational experiment）	作用方式
[16]	1997	英文	测量实验和操纵实验	作用方式
[17]	1998	英文	野外实验和实验室实验	场所
			微宇宙（microcosm）实验和中宇宙（mesocosm）实验	实验对象
[18]	2000	英文	响应量级实验（response-level experimentation）和分析实验（analytical experimentation）	作用方式
[19]	2006	英文	操纵实验和自然实验	作用方式

由表 1-2 可见，国内外对生态学实验的分类依据多个标准进行，缺少统一明确的分类标准：国内主要着眼于教学，或分支学科，或实验因子变化来进行分类，更多的是针对教学的方便粗略地进行的，很难反映特定生态学实验的主要特点；而国外则主要是根据某类生态学实验的显著特征进行分类的，更多地体现了相应生态学实验的突出特点。

考察国内外上述文献对相关生态学实验分类探讨，这些探讨只是散见于正文中，没有对各类实验的区别或联系进行梳理，并在此基础上加以系统的专门论述；国外大多是基于具体的案例提出的，是描述性的、朴素的概括，而非抽象的或理性的论证，对生态学实验的本质特征缺乏深入细致的探讨。

第二节　现有的生态学实验分类欠缺

要弄清生态学实验分类的欠缺，首先就要清楚分类的一般原则。分类是根据对象的本质属性或显著特征进行的划分，具有很大的稳定性。从这一定义看，划分是分类的基础，分类时应该遵循划分的逻辑原则。

首先，虽然对一些对象的划分可以采用不同的标准，但是每次划分依据的标准应该是同一的，否则就会犯"标准混乱"的逻辑错误。

其次，划分必须遵循"各子项外延之和与母项的外延相等"这一规则。违背这一规则，就会犯"划分不全"或"多出子项"的逻辑错误。

再次，划分应该采用同一等级的标准来进行，否则会存在"越级划分"的问题。"越级划分"一般会导致或者不在同一层次上谈问题，或者存在"子项不全"及"多出子项"的问题。

最后，按照同一标准或不同标准所进行的分类中的子项内涵应该明确，不应混淆或重叠，否则会犯概念混乱或重叠的错误。

对于现有生态学实验分类存在什么样的欠缺，也应该依据上述的划分基本原则判定。

如文献［6］，把生态学实验分为原地实验和受控实验，就犯了"标准混乱"的错误。因为，"原地实验"是根据实验场所界定的，而"受控实验"是根据作用方式界定的，这里采用了两种划分标准。实际上，"原地实验"应该与"非原地实验"相对应，"受控实验"应该与"非受控实验"相对应。不仅如此，文献［6］还把生态学实验分为田间实验和实验室实验，这也是不恰当的。因为，"田间实验"只是"野外实验"中的一种，是根据"野外实验"的二级划分而得。而且，与"实验室实验"相对应的应该是"野外实验"，这根据实验场所界定，属一级划分。文献［6］把生态学实验分为田间实验和实验室实验，就犯了"越级划分"的错误。即使不考虑"越级划分"，上述划分中的"田间实验"和"实验室实验"子项外延之和小于"生态学实验"母项外延，如此也犯了"子项不全"的错误。

再如，文献［14］将生态学实验分为森林实验、陆地演替群落实验、干旱环境实验、淡水实验、海洋环境实验，是按照实验对象的生境类型划分的，遗漏了"湿地实验、农田实验、草原实验、岛屿生态学实验"等，存在"划分不全"的问题。

文献［6］中的"综合性实验"，是指"在明确了某些主导因素及其相互关系的基础上，将这些因素的某些水平结合在一起形成处理组合（treatment

combination），以探讨某些处理组合的综合效应的实验"①。而对于文献［8］
［9］［10］，"综合性实验"是指"由多种实验手段与技术和多层次的实验内容
所组成的实验，要求学生独立完成预习报告、试剂配制、仪器安装与调试、实
验记录、数据处理和总结报告，主要训练学生对所学知识和实验技术的综合
运用能力，对实验的独立工作能力、对实验的综合分析能力"（文献［8］）②，
"是让学生在具备一定的实验设计能力和科研能力的基础上，整合一至多个
生态学原理所开展的应用型较强的实验"（文献［9］）③，主要为生态学原理
在生产实践中的应用（文献［10］）④。由此可见，文献［6］中的"综合性实
验"和文献［8］［9］［10］中的"综合性实验"内涵是不一样的，从而造成
"同一用语"概念内涵上的混淆。

依此类推，可以得出上述国内外文献有关生态学实验分类存在的欠缺情
况，概括如表1-3所示。

表 1-3　国内外相关文献生态学实验分类欠缺

文献序号	文献中生态学实验的分类	分类欠缺
［1］	野外观测比较实验、操作性实验和计算机模拟实验	标准混乱、越级划分
［2］	测量实验和操纵实验	标准混乱
［3］	自然实验和受控实验	标准混乱
［4］	操纵实验和测量实验	标准混乱
［5］	生物与环境实验、种群生态学实验、群落生态学实验和生态系统生态学实验	子项不全
	原地实验和受控实验	标准混乱
	单因素实验、多因素实验和综合性实验	内涵混淆
［6］	田间实验和实验室实验	标准混乱、子项不全
	植物生态学实验、动物生态学实验、微生物生态学实验、化学生态学实验和分子生态学实验	标准混乱、子项不全
［7］	原地实验和受控实验	标准混乱、子项不全
	基础性实验、综合性实验和研究性实验	内涵混淆
［8］	个体生态学实验、种群生态学实验、群落生态学实验和生态系统生态学实验	子项不全

---

① 章家恩. 生态学常用实验研究方法与技术[M]. 北京：化学工业出版社，2007：8.
② 付荣恕，刘林德. 生态学实验教程（第2版）[M]. 北京：科学出版社，2010：再版说明.
③ 李铭红. 生态学实验[M]. 杭州：浙江大学出版社，2010：1-2.
④ 王友保. 生态学实验[M]. 合肥：安徽人民出版社，2010：前言.

续表

文献序号	文献中生态学实验的分类	分类欠缺
［9］	基础性实验和综合性实验	子项不全
	单因素实验、多因素实验和综合性实验	内涵混淆
［10］	基础性实验、综合性实验和研究性实验	内涵混淆
［11］	有机体与环境实验，种群结构、动态与种间关系实验，群落的结构、过程与功能实验，生态系统生态学实验，景观生态学实验，应用生态学实验	标准混乱、子项不全
［12］	生物与环境实验、种群生态学实验、群落生态学实验、生态系统生态学实验、应用生态学实验	标准混乱、子项不全
［13］	实验室实验、野外实验和自然实验	标准混乱、多出子项
［14］	森林实验、陆地演替群落实验、干旱环境实验、淡水实验、海洋环境实验	子项不全、越级划分
	野外实验和实验室实验	正确
［15］	操纵实验、自然实验和观测实验	标准混乱、多出子项
［16］	测量实验和操纵实验	标准混乱、多出子项
［17］	野外实验和实验室实验	正确
	微宇宙实验和中宇宙实验	子项不全
［18］	响应量级实验和分析实验	子项不全
［19］	操纵实验和自然实验	标准混乱

从表 1-3 中可以看出，无论是国内还是国外，生态学实验的分类普遍存在标准混乱、多出子项、子项不全的欠缺。而且，国内存在的问题要比国外严重一些，还存在越级划分及概念混淆的欠缺。

第三节　生态学实验分类的完善

既然现有的国内外生态学实验分类存在一定的欠缺，那么，就应该依据相应的划分逻辑原则，参照现有的生态学实验分类，加以完善。

途径之一是以分支学科或教学需要为分类标准，参照文献［6］[①]和李文华（2011）[②]修改、补充、完善见表 1-4。

[①] 章家恩. 生态学常用实验研究方法与技术[M]. 北京：化学工业出版社，2007：2.
[②] 李文华. 我国生态学研究及其对社会发展的贡献[J]. 生态学报，2011，31（19）：5421-5428.

表 1-4 根据分支学科或教学需要进行的生态学实验的系统分类

分类序列	分类标准	分类表现
（1）	研究对象的组织层次	个体生态学实验、种群生态学实验、群落生态学实验、生态系统生态学实验、景观生态学实验、全球生态学实验
	与生物科学交叉	生理生态学实验、遗传生态学实验、行为生态学实验；动物生态学实验、植物生态学实验、微生物生态学实验
	与基础科学交叉	数学生态学实验、物理生态学实验、化学生态学实验
	与环境科学交叉	污染生态学实验、恢复生态学实验、保育生态学实验
	与社会科学交叉	社会生态学实验、政治生态学实验、经济生态学实验、人类生态学实验……
	与产业类别交叉	工业生态学实验、农业生态学实验、林业生态学实验、渔业生态学实验……
（2）	研究动机	理论生态学实验与应用生态学实验
	教学需要	基础性实验、综合性实验和研究性实验

途径之二是以生态学实验自身的特征作为分类标准，见表 1-5。

表 1-5 根据生态学自身特征进行的生态学实验系统分类

分类序列	分类标准	分类表现
（1）	实验实施的场所	野外实验和实验室实验
（2）	实验者是否施加处理控制	操纵（受控）实验和非操纵（受控）实验
（3）	实验是定性的还是定量的	定性实验和定量（测量）实验
（4）	是否利用自然产生的干涉作为处理	自然实验和非自然实验
（5）	是否直接作用于客观对象	直接实验和间接实验
（6）	供试生态因素的多寡	单因素实验和多因素实验
（7）	实验的时间尺度	短期实验和长期实验
（8）	实验本身的空间尺度	微宇宙实验、中宇宙实验和宏观宇宙实验
（9）	是否使用模型来进行实验	模型实验和非模型实验

对于表 1-4 和表 1-5 中的分类，有几点需要说明。

第一，每一种分类是依据不同的标准完成的，主要是为了体现相应的生态学的某一方面特点。例如，表 1-4 分类（1）中的第一种分类是按照研究对象的组织层次划分的，突出的重点是研究对象的组织尺度：最小可到个体水平，称为个体生态学实验；最大可至整个生物圈，称为全球生态学实验；其余的可类推。

第二，对于表 1-4，有些生态学文献将"分子生态学实验"按照研究对象的组织层次列入"个体生态学、种群生态学……"中。这是不恰当的。原因在于"分子生态学实验"是将分子生物学的原理和方法用于生态学的实验研究中，不属于按照研究对象的组织层次进行的生态学实验类别，可放到"与生物科学交叉"之下。另外，在表 1-4 中，生态学除了与社会科学交叉外，还与人文学科交叉形成相应的分支生态学学科，如生态哲学、生态美学、生态文学等。但是，由于此类分支学科一般不存在实验，故没有将相应的生态学实验分支如"生态哲学实验""生态美学实验"等放入此表中。

对于表 1-5，在分类序列（2）中，"操纵实验"与"受控实验"的基本内涵相同，而且"操纵实验"在外文文献中使用频率更大，故这里列在一起。在分类序列（3）中，"定量实验"实质上就是"测量实验"，而且，在相关文献中，"测量实验"一词更被经常使用，故这里括号内加上"测量实验"。在分类序列（6）中，没有列上"综合性实验"，这主要出于两点考虑：一是表 1-4 中按照"教学需要"进行的分类中已有"综合性实验"，避免与此重复；二是根据相关文献，与"单因素实验""多因素实验"相对应的"综合性实验"实际上也是"多因素实验"，只不过这样的"多因素实验"含有"单因素实验"而已。

第三，表 1-4 和表 1-5 中的分类属于一级分类，实际上一级分类仍然可以进一步进行二级分类、三级分类等，如图 1-1 所示。

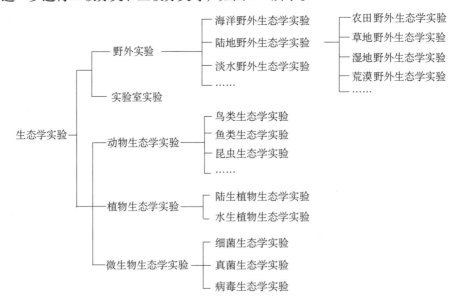

图 1-1　生态学实验二级分类、三级分类示意图

第四，对于生态学实验，还可以运用其他分类方法加以分类。对于生态学这样的新兴学科，很多未知领域需要探索，所以，发现性实验在生态学中占有很大比例。不仅如此，对于生态学实验来说，当理论很简单的时候，构建一个清晰的实验检验是有可能的，但是，对于复杂的生态学理论，尤其是那些预测群落结构或性质，如多样性和稳定性之类的大规模生态学理论，是否能够进行判决性实验检验仍是一个值得讨论的问题，如此，验证性实验或判决性实验在生态学中就显得非常重要。

第五，根据上述分类标准对生态学实验进行的分类，只是为了对其内涵和特点更好地描述分析而人为进行的划分，在实际应用中并不是截然分开的。按照某一标准得出的生态学实验分类，与按照其他标准得出的分类之间，存在着一定的关联和交叉。例如，野外实验既可以是短期实验，又可以是长期实验；野外实验和实验室实验都有可能结合定性实验和定量实验同时进行，或结合单因素实验、多因素实验依次进行；个体生态学实验的对象可以包括动物、植物和微生物，如此，就有动物个体生态学实验、植物个体生态学实验、微生物个体生态学实验。

第六，生态学实验的分类，与生态学实验发展的历史紧密关联。具体的某类生态学实验，由于其自身的特点，常常受时空及实验手段的限制，呈现出历史发展的阶段性和情境性。例如，个体生态学实验，在生态学发展的早期通常在实验室中进行，但是，随着许多便携式电子仪器（如便携式光合作用测定系统）的出现，它在野外开展成为可能。再如，种群生态学实验、群落生态学实验、生态系统生态学实验和景观生态学实验，由于其尺度较大，在生态学发展的早期，限于技术难于开展。但是，随着技术的发展，如开顶式气候箱、围隔技术、地理信息系统（GIS）技术[1]、涡度相关技术[2]等的出现，使得生态学家可以在野外进行这些大尺度的实验了。而且，有些生态学家还可以利用模型，如微宇宙实验等，来模拟种群活动、群落动态和生态系统特点等，在实验室内进行实验。对于全球生态学实验，由于尺度过大，生态学

---

① 刘明华，董贵华. RS 和 GIS 支持下的秦皇岛地区生态系统健康评价[J]. 地理研究，2006，25（5）：930-938.

② 范玉枝，张宪洲，石培礼. 散射辐射对西藏高原高寒草甸净生态系统 CO_2 交换的影响[J]. 地理研究，2009，28（6）：1674-1681.

家很难开展全球尺度的实验,所以最常用的实验方式是计算机模拟实验,即在计算机上通过数学模型的模拟运算进行"实验",不过,通常还要结合一系列从分子水平到生态系统、景观水平的生态学实验室实验或野外实验,来校正计算机模拟的结果。

通过上述研究可以发现,国内外现有的生态学实验分类主要存在标准混乱、子项不全、多出子项、概念混淆的欠缺。为此,生态学工作者需要依据相应的划分原则,在探讨各类生态学实验内涵和本质的基础上,对生态学实验加以逻辑严密的系统分类。这是其一。其二,国内生态学工作者,不应仅仅将分类停留在表观的教学层面上,而应该更多地深入到生态学实验的研究实践层面,探讨其所具有的突出特征,再进一步加以相应的、内涵明确的分类。这项工作对于我们厘清生态学实验的分类,再进一步探讨其内涵,以便更好地从事相关教学和科研,具有重大的意义。

应该注意的是,虽然本章指出了当下相关文献中有关生态学实验分类的欠缺,但是,这并不表明这些文献对于生态学实验分类的探讨没有意义。在生态学实验方兴未艾及具有相当的复杂性如"伪复现性"的情况下,上述文献对生态学实验分类的探讨意义重大。不仅如此,有关生态学实验分类的探讨,应该是在阅读相关文献,结合生态学实验具体案例,深刻理解各生态学实验类别内涵的基础上进行,就此而言,本章给出的生态学系统分类,还需要进一步深入和细化。

第二章
生态学实验的"自然性"特征

生态学实验的最终目的是对"自然发生的"生物与环境之间的关系进行认识。几乎所有的生态学实验都应该向着这一目标迈进,进而决定了生态学实验最突出的特征就是"自然性",即对实验对象不进行"干涉"或少进行"干涉",让实验对象在尽可能"自然发生"的条件下呈现自身。进一步的问题是:按照各种标准分类得到的生态学实验,有无体现这一特征?体现这一特征的生态学实验有哪些?它们是如何体现的?生态学实验的这种"自然性"特征与传统科学实验的特征有什么不同?

第一节 测量实验:"观测"自然

赫尔伯特认为,生态学野外实验可以分为"测量实验"(measurement experiment)和"操纵实验"(manipulative experiment)。[①]所谓"测量实验",他认为:"仅仅涉及在空间或时间的一个或多个点上做出测量;空间或时间是

---

① Hurlbert S H. Pseudoreplication and the design of ecological field experiments[J]. Ecological Monographs,1984,54(2):187-211.

唯一的'实验'变量或'处理'（treatment）①，显著性检验②可能需要也可能不需要。测量实验通常不需要涉及实验者对实验单元③施加某些外部因素的限制。如果涉及此类外部因素的施加（如比较高海拔栎树与低海拔栎树对实验性剪叶的响应），则所有的实验单元都受到同样的'处理'。"

赫尔伯特举了"湖泊 1 米等深线腐烂速率"的野外实验的例子对此加以说明。他说，要确定枫叶在 1 米深的湖底水中腐烂得多快，可以将 8 个尼龙网袋装满枫叶，排成一组放置在 1 米等深线的地点上；过 1 个月取回，并确定每个袋子中有机物的损失（腐烂）量，计算出腐烂速率的平均值（案例 1）。④

在案例 1 中，实验者对实验对象没有施加处理，没有改变实验对象因子（变量）。对"湖泊 1 米等深线腐烂速率"的推断，是根据 8 个网袋计算出的平均速率得出的。

这样设计和进行实验有一定道理。它是让实验单元在"自然发生的条件下"呈现自己。不过，必须清楚，这样一种程序之所以被称为"实验"，不是由于在此实验过程中，实验者对实验单元进行了"干涉"，而是由于实验者某种程度上详细计划了测量程序。也正因为如此，称此类实验为"实验"，就受到很多人的质疑。赫尔伯特就说："无论如何，几乎没有人认为这些程序及其结果是'实验的'。"

不仅如此，上述"湖泊 1 米等深线腐烂速率"推断，还是比较单薄的，因为它本身没有涉及腐烂速率沿 1 米等深线差异的信息，也没有涉及不同等深线枫叶的腐烂速率。鉴此，就需要进一步进行"比较测量实验"。

---

① 所谓"处理"（treatment），根据尤金·奥德姆等的定义，是指设计用于产生某一效果的实验行为。（具体内容参见：Odum E P，Barret G W. 生态学基础（第五版）[M]. 陆健健，王伟，王天慧等，译. 北京：高等教育出版社，2009：478.）例如，医学实验中令患者服用的药物，生态学实验中的浇水、施肥、光照、围栏等。

② 所谓"显著性检验"，是指用于检验实验处理组与对照组或两种不同处理的效应之间是否有差异，以及这种差异是否显著的方法。

③ 所谓"实验单元"，是指实验者分配单个处理（或处理组合）的最小系统或实验材料单位。如果所进行的是个体生态学实验，则实验单元通常是生物个体，如一棵植物或一只动物等；如果所进行的是群落生态学实验，则实验单元通常是一个群落。在生态学中，随着研究尺度的增大，实验单元的尺度通常也随之增大。

④ Hurlbert S H. Pseudoreplication and the design of ecological field experiments[J]. Ecological Monographs，1984，54（2）：189.

所谓"比较测量实验"，实际上是对"测量实验"的拓展，即在不同的等深线上进行测量实验，然后对实验结果加以比较。

案例 2：使用案例 1 中的基本程序，检验枫叶的腐烂速率在 1 米等深线和 10 米等深线是否相同：首先，在 1 米等深线处设置 8 个叶袋，在 10 米等深线处设置另外 8 个叶袋；一个月后收回，获取数据；应用统计检验（如 t 检验和 u 检验）来查看两个地点上的腐烂速率之间是否存在显著差异（案例 2）。

考察案例 2，赫尔伯特说："这可被称为'比较测量实验'。虽然我们使用了两个等深线（或'处理'）以及显著性检验，但我们仍然没有实施一个真正的实验或操纵实验。"[①]

既然生态学"测量实验"如赫尔伯特所说"对实验对象未加处理"，"不能算作真正的实验"，这是否意味着生态学"测量实验"就是不合理的呢？并非如此。虽然生态学"测量实验"存在这样或那样的不足，但是，生态学"测量实验"如此"处理"，有其合理之处，它是尽可能避免对实验对象进行过多的"处理"，以测量实验对象"自然状态下"的相关参数。生态学"测量实验"更多的是对生物与环境进行的实地考察，即在只对实验对象或实验单元进行"处理"而不进行"干涉"的基础上测量，因此获得的是完全自然状态下的数据，体现了"观测"的含义。这也是生态学获得自然界中生物与环境之间关系的认识目标使然。这点与传统科学实验中的测量实验不同。传统科学实验中的测量实验更多的是在对实验对象进行"干涉"的基础上的测量。

需要说明的是，这里所谓的"几乎不能算作'真正的实验'"，意思是实验者并没有采取措施来"干涉"实验对象或实验单元，而是让"时间和空间"作为作用于实验对象的"变量"，以获得相关的认识。可以说，这一点也是与传统的"测量实验"不同的。在传统的"测量实验"中，更多的情况下，对实验对象的干涉测量是在超越时间和空间的情况下进行的，即时间和空间外在于事物，用来描述事物的运动变化，而不是像生态学测量实验那样，时间和空间作为事物运动变化的参量，内在于事物。

可以说，这样的处理，也是为了"获得'自然发生条件下'的生物、环境及两者之间的关系"的认识。

---

① Hurlbert S H. Pseudoreplication and the design of ecological field experiments[J]. Ecological Monographs，1984，54（2）：189.

第二节　操纵实验：“处理”自然

　　“操纵实验”，通常也被称为“受控实验”[①]或“对照实验”（controlled experiment）[②]。赫尔伯特提出：“操纵实验是一项活动，被设计来确定一个或多个被实验者操纵的变量（=实验变量或处理因子）对某些特定类型系统（=实验单元）的一个或多个特征（=响应变量）的影响。”[③]比较“操纵实验”与“测量实验”，其不同之处在于“操纵实验”要对实验对象施加两个或两个以上的“处理”，并且在实验单元间随机分配[④]，这涉及实验对象的一个或多个因子（变量）的改变。

　　而前述生态学“测量实验”的两个案例，其中并没有涉及对实验对象——枫叶的“干涉”，唯一的变量是空间或时间。现在，我们要将生态学实验由“测量实验”扩展到“操纵实验”，即“在湖底 1 米等深线处检验是否栎叶比枫叶腐烂得更快”。首先，我们将 8 袋枫叶随机放置在 1 米等深线的 0.5 平方米的区块 A 上，将 8 袋栎叶随机放置在与第一个区块 A 相邻的第二个“相同的”区块 B 上；1 个月后取回，确定区块 A 和区块 B 中 8 个袋子里有机物的损失（“腐烂”）量，再分别计算出区块 A 中的枫叶及区块 B 中的栎叶腐烂速率的平均值（案例 3）。

　　在案例 3 中，改变了单个实验变量（物种），而不仅仅是比较在两处空间或时间点上一个系统的性质。这与案例 1 和案例 2 是不同的，如此，就可以获得这两个不同的物种在同一等深线上的腐烂速率。不过，必须清楚，这里

---

① “受控实验”是仿真自然生态系统，严格控制实验条件，研究单项因子相互作用及其对种群或群落影响的方法技术。显然，控制实验具有更高的“人为控制性”，实验者可以根据自己设定的实验目标采用各种控制方法（其中很多也许很难在自然界中实现），这就大大提高了生态学实验的实验范围。

② “对照实验”的核心是“对照”，即设计用来与所施加的处理进行比较的一个或多个另外的处理。对照可以是一个“未处理（untreated）”的处理（treatment）（没有施加实验变量）——“黑白对照”。

③ Hurlbert S H. On misinterpretations of pseudoreplication and related matters：A reply to Oksanen[J]. Oikos，2004，104（3）：591-597.

④ “随机分配”即“随机化”，表示的是“处理被随机地分配到不同的实验单元上”。

虽然使用了两个不同的物种进行实验，但是对每个物种的"处理"或者换句话说"在野外的操作"是与测量实验案例 1 和案例 2 相同的。之所以如此，仍然是为与获得"自然发生条件下"的相应的生态学知识的生态学实验的原则相一致。

进一步的分析表明，这样的"处理"还是有问题的。因为在案例 3 中，比较的是枫叶和栎叶在 1 米等深线的腐烂速率，而要获得正确的结果，就必须保证进行比较的区块 A 和区块 B 的环境因子相同。但是，在案例 3 中，这一点并没有得到保证，而是实验者把实验单元隔离并安置在不同的两个区块 A 和 B，并假定这两个区块完全相同，然后对每个区块上的实验单元施加了相同的处理。如此，就无法消除由于 A、B 两个区块之间的诸如温度、光照等微小差异所导致的，对放置于此处的相应的枫叶和栎叶的腐烂速率的影响，从而无法得出令人信服的结论。

赫尔伯特将上述类似影响称为"非魔鬼式侵入"[①]（nondemonic intrusion）——实验期间不受控制的随机事件，对处于不同空间的实验单元的无关的或相关的影响。他进一步认为，在大多数情况下，此类随机事件的影响非常轻微，这些随机事件也许对实验结果的"有效性"没有多少影响，但是，由于此类偶然事件的性质、大小和频率是难以检测或不可预测的，因此，它们的效应也是难以检测或不可预测的。由此，即使随机事件的影响非常微小甚至没有影响，我们也不知道。我们知道的是，如果一个随机事件侵扰了相应的实验单元，那么就会出现问题，此时，没有控制的随机事件干扰到实验单元或实验现象，在实验数据中加入了"噪声"。[②]

鉴此，赫尔伯特认为，应该进行"随机化"（randomization）和"穿插分散"（interspersion），将"处理"随机地施加到各个实验单元上，以保证不受控制的随机事件不产生如案例 3 那样的假的"处理效应"。[③]

具体改进是这样进行的：对每个物种使用 8 个叶袋，将它们随机分配在 1 米等深线的同一区块内，然后再进行相应的测量（案例 4）。

---

① 此处为直译，也可意译为"随机事件干扰"等。

② Hurlbert S H. Pseudoreplication and the design of ecological field experiments[J]. Ecological Monographs，1984，54（2）：187-211.

③ Hurlbert S H. Pseudoreplication and the design of ecological field experiments[J]. Ecological Monographs，1984，54（2）：192.

在案例 4 中，将所有的叶袋穿插、分散并随机分配到一个区块中的各实验单元上，就消除了案例 3 中由于 A、B 两个区块之间的微小差异所导致的影响，从而能够获得保证了的、有效的实验结果。

考察案例 4，它事实上是对实验单元进行了"操纵"——"穿插分散""随机分配"，因此，此实验属于"操纵实验"。不过，这里的"操纵"并没有"干涉"实验对象或实验单元本身，而是对空间分布进行了"处理"，目的是提高实验单元测量数据的显著性。

在生态学"操纵实验"中，"操纵"有很多种。对于"操纵实验"，面对的一个重要问题是对实验单元的操纵幅度是否恰当。如果实验操纵幅度比自然变化的幅度大，那么产生的效应可能就远离了自然状态下的真实情况；如果实验操纵幅度过小，则实验可能无法产生有效的生态学效应。如此，如何控制实验中的操纵幅度，十分困难，也十分重要。正因为考虑到这一点，在生态学中，对实验单元的操纵，一般不用"干涉"，而用"处理"，如浇水、施肥、光照、围栏等，因地制宜地在产生某一效果的同时，尽可能获得"自然状态下"自然对象的认识。

第三节 宇宙实验："模拟"自然

对于某些生态学对象或过程，尺度过大，限于物质条件，无法对其直接实验，通常会采取实物模型实验。即首先选择或建立关于研究对象（原型）的物质模型，然后对模型进行实验，最后将实物模型实验的结果外推到研究对象（原型）。

值得注意的是，由于现实生态学系统中实验操作的种种困难，采用微系统和小型实验物种——实验模型系统（experimental model system，EMS）来减小实验的空间尺度就成为一种替代途径。这种途径在生态学实验被称为微宇宙实验（microcosm experiment）、中宇宙实验（mesocosm experiment）和宏观宇宙实验（macrocosm experiment）。坎培里（Kampichler）等给出了它们的区别及一般特征，见图 2-1。

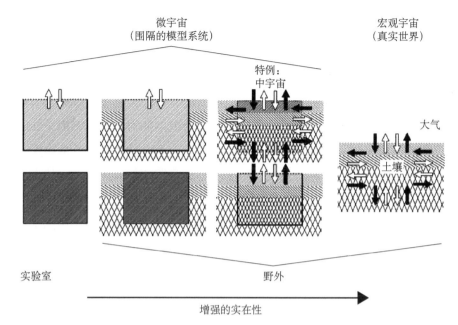

图 2-1 微宇宙、中宇宙和宏观宇宙（"真实世界"）①

白色箭头：物质交换（气、水和营养物质）；阴影箭头：受控的土壤动物移动；黑色箭头：不受限制的土壤动物移动。微宇宙上部和下部的箭头代表不同的渗透度。中宇宙是围隔的模型系统的特例：它们保持了环境的空间特征（不同影线表示土层）；它们允许与环境交换气、水和营养物质（白色箭头）；并且，它们允许土壤动物在中宇宙和环境之间进行受控的移动（阴影箭头）。它们是与自然环境最类似的微宇宙类型

一、微宇宙实验

生态学中微宇宙实验的内涵与"微宇宙"的内涵紧密相关。"微宇宙"对应的英文单词是"microcosms"，有如下含义：小天地、小宇宙、微观世界；缩影、缩图；作为宇宙缩影的人类。"微宇宙实验"中的"微宇宙"也取上述含义，一为"小"，二为"缩"。所谓"小"，指的是所选取的实验对象组织尺度、种类及时间和空间尺度都是"小"的，属于"小世界"（small world）；所谓"缩"，意图是作为较大系统的尺度模型运行。如此，生态学微宇宙实验，就是选择小尺度对象进行实验，模拟自然生态系统，以获得自然界中存在的对象或现象的认识。

根据坎培里等对生态学微宇宙实验的分类，其可以进一步分为实验室微

---

① Kampichler C，Bruckner A，Kandeler E. Use of enclosed model ecosystems in soil ecology：A bias towards laboratory research[J]. Soil Biology & Biochemistry，2001，33（3）：270.

宇宙实验和野外微宇宙实验。

实验室微宇宙实验，顾名思义，应该在实验室中进行。不过，在生态学实验中，实验室并非如传统科学中的实验室那样严格，它可以是在野外临时建立的特定场所对特定的对象进行实物模型实验。即将生态学对象的模型作为实验对象，或模拟生态学过程进行实验。这更多的对应于奥德姆（Odum）和巴雷特（Barret）的人工微宇宙实验，即："人为设计和建造的具有生态系统水平的生态学实验单元，例如，瓶子或其他容器（如养鱼缸）中的小型自给世界，能模拟缩微的自然生态系统。"[1]

例如，早在 1934 年，苏联生态学家高斯（Gause）就用容器中两个草履虫物种的模型系统在实验室中研究了两个物种的竞争排斥现象。[2]他取大草履虫与袋状草覆虫（P.bursaria）为实验材料进行实验，获得了两种同时共存的结局。这两个种群虽然竞争同一种食物，但袋状草履虫在底层摄取细菌，而大草履虫则摄取悬浮于溶液中的革履虫，它们各自占有空间的不同部位。诸如此类的还有赫法克（Huffaker）的植食性昆虫（phytophagous）及其捕食者之间的动态关系[3]和帕克（Park）的拟谷盗（Tribolium castaneum）多次竞争实验[4]。这些实验是不可能通过野外实验而只能通过实验室实验完成。

对于实验室微宇宙实验（即人工微宇宙实验），虽然它能够告诉我们假设

---

① Odum E P，Barret G W. 生态学基础（第五版）[M]. 陆健健，王伟，王天慧，等，译. 北京：高等教育出版社，2009：478.

② Gause G F. The Struggle for Existence[M]. Baltimore：Williams and Wilkins，1934.

③ 1958 年，赫法克在对植食性昆虫及其捕食者之间的动态关系进行研究时发现，作为捕食者的猎物只有在异质性生境中才能和被捕食者实现共存。

④ 帕克用拟谷盗进行多次竞争实验，首先研究了培养基地面粉容量对于栗色拟谷盗和杂拟谷盗竞争的影响，而栗色拟谷盗在竞争的 74 次中，有 66 次取胜。结果证明空间大小即面粉容量对于种群增长形式和竞争结局的影响不大，而在培养基地中有无另一种寄生性孢子虫（Adelina）具有重要意义：Adelina 能杀死两种拟谷盗的成虫，在联合培养基地中，对于栗色拟谷盗种群影响较大，如有 Adelina 时，它的平均密度为 13.3/每克面粉量。而无孢子虫时，则为 33.5。但对杂拟谷盗种群的影响则不大。有孢子虫时为 19.2，没有时则为 18.19。这个结果说明，有无 Adelina 的存在，使两个种群竞争结局相反。同时，又证明竞争的结局并不是绝对的，即不是一个种群永远战胜另一种群。帕克等又集中研究气候因素对于两种拟谷盗种群的竞争结局的影响，结果发现栗色拟谷盗在高温和潮湿条件下取胜，而杂拟谷盗在低温和干燥条件下取胜。其他竞争结局也不是固定不变的，而是各有一定取胜的概率。他也研究了种内各遗传品系对于竞争力的影响。结果说明，遗传品系，对于竞争结局的影响很大。上述实验是在实验室条件下进行的，证明两种拟谷盗竞争的结局不是固定不变的，而是受气候、寄生物等外部因素和种群遗传性等内部因素所影响的。

的效应是否会发生，但是，这样的效应在自然界中是否存在，值得怀疑。因为，人工组建的群落并不代表它具有自然丰度分布的协同进化或协同发生分类单元。鉴此，纳伊姆（Naeem）就说，人工微宇宙实验虽然具有较高的"内在有效性"（internal validity）（被定义为机制的透明的、理论构建的相似性），但是对自然生态系统的适用性很低，或者说其"外在有效性"（external validity）很低。[①]这样一来，就需要进行自然微宇宙实验（野外微宇宙实验）以弥补人工微宇宙实验（即实验室微宇宙实验）的不足。

自然微宇宙实验，应该在野外进行，具体而言就是：在自然界中选取微小生物自然居住其中的栖息地，例如，猪笼草液体（Phytotelmata）、"瓶中植物"（plant in bottle）、观赏凤梨、树洞等中的原生和后生动物群落等进行实验。[②]其中，"瓶中植物"事实上是一种形象的说法，指的是在微宇宙实验过程中，盛装在人工容器如玻璃容器中的植物等。

对于自然微宇宙实验，由于它是直接面向自然界中的对象，因此，它能够告诉我们相应的效应在自然界是否真的存在，以及这样的效应是否重要。但是，其也存在不足。生态学家对此进行了考察，提出应该用"中宇宙"实验加以完善。

二、中宇宙实验

不可否认，微宇宙实验之"微宇宙"相对于大尺度的世界或者真实世界，有时还是有一定距离的。正是考虑到这一点，奥德姆建议使用某类生态系统模型（model ecosystems），对部分隔离的户外实验进行设置（set-ups），来弥合实验室微宇宙（laboratory microcosm）[③]和大尺度、复杂的真实世界的宏观宇宙（the large，complex，real-world macrocosm）之间的鸿沟。[④]他将此称作

① Naeem S. Experimental validity and ecological scale as criteria for cvaluating research programs[M]// Gardner R H，et al. Scaling Relations in Experimental Ecology. New York：Columbia University Press，2001：223-250.

② Srivastava D S，Kolasa J，Bengtsson J，et al. Are natural microcosms useful model systems for ecology?[J]. Trends in Ecology and Evolution，2004，19（7）：379-384.

③ 此处指的是以实验室为基础的微宇宙实验，研究的是实验室中的模型生态系统。

④ Odum E P. The mesocosm[J]. Bioscience，1984，34（9）：558-562.

"中宇宙"（mesocosm），用来代表一类中间尺度的实验单元，其中作为部分的如种群以及作为整体的如生态系统，能够被同时研究。

事实上，在上面那篇文献中奥德姆提出"中宇宙"时，"中宇宙"这词已经流行，该词最初由水生生态学家格莱斯（Grice）和瑞沃（Reeve）提出。[1]

奥德姆 1984 年提出"中宇宙"这个概念，有非常简明的定义，用来表示有界限的且部分隔离的野外实验的设置，那就是把来自它周围环境中的输入进行简化或者控制，再输出到它的周围环境中。[2]但是，不幸的是，这种定义并不精确，他所描述的例子，包括在"中宇宙"标签下的农业研究中的小块土地试验，很快产生了这样的一种印象，即"中宇宙"仅仅就是"任何实验室之外的复现的（replicated）实验"或者甚至是"具有比典型的微宇宙更大尺度和更大空间的和/或有机的复杂性的任何实验（实验室或者野外）"。如埃利奥特（Elliott）等在野外移除了土柱（soil cylinders），并把它们安置在一个温室中，然后称之为"中宇宙"。[3]这就完全和奥德姆的定义产生了冲突：圆柱（cylinders）既不是户外的实验的设置，也不是部分隔离的（这里完全没有土壤有机体或者原本可以发生的包围的环境中的物质控制交换）。特奔（Teuben）和范霍夫（Verhoef）把土壤的"中宇宙"看作是放置在野外的微宇宙，而抛弃了奥德姆所认为的"中宇宙"应该提供"在微宇宙系统中不可能的实在程度"这一观念。[4]不同于这一点，范霍夫（Verhoef）把类似于埃利奥特等的"中宇宙"刻画为直接来自于野外的更大的单元，但是置于操控的气候条件下，完全忽视了奥德姆将"中宇宙"定义为和自然环境接触的野外实验的原型设置。[5]

---

[1] Grice G D，Reeve M R. Marine mesocosms：Biological and chemical research in experimental ecosystems[J]. Springer Verlag GmbH，1982，117（3）：317-320.

[2] Odum E P. The mesocosm[J]. Bioscience，1984，34（9）：558-562.

[3] Elliott E T，Hunt H W，Walter D E，et al. Microcosms，mesocosms and ecosystems：Linking the laboratory to the field[C]//Megusar F，Gantar M. Perspectives in Microbial Ecology，Ljubljana：Proc. 4th Intl. Symp. Microb. Ecol.，1986：472-480.

[4] Teuben A，Verhoef H A. Relevance of micro- and mesocosm experiments for studying soil ecosystem processes[J]. Soil Biology and Biochemistry，1992，24（11）：1179-1183.

[5] Verhoef H A. The role of soil microcosms in the study of ecosystem processes[J]. Ecology，1996，77（3）：685-690.

在这种情况下，坎培里等认为还是应该坚持奥德姆的关于"中宇宙"的定义，并且以"土壤中宇宙"（soil mesocosms）为例说明其具有以下特征。

（1）"土壤中宇宙"是真实世界的生态系统中切割出来的片断。这里的实验单元直接来自于野外（土柱，单块巨石）并且不同于其他类型的微宇宙，因为它们保留了：①土壤有机体的全部群落；②栖居地的全面小尺度的空间的复杂性（土壤空隙、腐殖质层等）。

（2）"土壤中宇宙"放置在野外，因此，它们暴露在物理环境的自然波动中（温度、潮湿、光照强度等），而不是典型地暴露在实验室中所持有的条件（恒温或者温度循环等）。

（3）"土壤中宇宙"部分是隔离的。它们在某种程度上相对于它们的环境是开放的，并且它们依赖于研究的目的及中宇宙边界的类型，这就允许物质跟能量和空气及周围的土壤之间进行相互交换（气体交换、沉淀、通过残余物的有机物供给、土壤生物区的横向迁徙等）。鉴此，实验单元在同样的生物和非生物的关系网络及它们的周围环境中是相互交织的，正如未干扰的土壤的案例。

（4）"土壤中宇宙"的处理（treatments）是削减性的（subtractive）或者干扰性的（perturbative）。尽管"微宇宙"中的"处理"被定义为把单一的事项附加到实验单元中，"中宇宙"单元被处理为通过减去这个问题中的变量（如通过排除某个尺度大小的动物）或者通过单项干扰（例如，通过提供某个压力的因素）所获得的未干扰整体。

（5）比起实验室中可能的情况，"中宇宙"允许时间更长、尺度更大的实验。但是，单单是时间、空间中的公制维度（metric dimensions）并没有定义"中宇宙"：在恒定条件下并且用作蚯蚓实验的抑制的实验室生态系统模型，仍然可以比一个土壤微动物区或中动物区的研究规模更大且操作时间更长。[①]

上面概述的特征（1）～（5）的结合确保了不可能轻易被其他类型的微宇宙获得的实在程度。在上述分析的基础上，坎培里等建议应该进行更多的"中宇宙实验"，并且把"土壤中宇宙"这个词的使用看作是"最简化的土壤

---

① Kampichler C，Bruckner A，Kandeler E. Use of enclosed model ecosystems in soil ecology: A bias towards laboratory research[J]. Soil Biology & Biochemistry，2001，33（3）：271.

微宇宙和自然宏观宇宙（natural microcosms）之间的设置，并提供了在其上进行实验的条件。

这样的定义与其他生态学研究领域的"中宇宙"单词的使用相一致。如波义耳（Boyle）和费尔柴尔德（Fairchild）在生态毒理学中为了区分"微宇宙"和"中宇宙"所指定的术语的一些差异性，就把"中宇宙"刻画为"户外的半控制的生态系统"（outdoor semi-controlled ecosystems），它包括了"自然物种聚合体（natural species assemblages）"，并且暴露在"区域温度的变化、自然繁育、种间相互作用、疾病及其他因素"之中。[1]劳勒（Lawler）认为两者之间的区别在于："实验单元在尺度上从其所表征的系统或过程减少了多少。微宇宙表征了若干级别大小上的尺度减小，而中宇宙则表征了两个或更少级别的尺度减小"[2]。据此，"微宇宙"和"中宇宙"之间的区别是相对于所表征对象减小的尺度而言的，并如培养皿中的细菌竞争实验，如果要表征脊椎动物之间的竞争，应称为"微宇宙"，而如果要表征海龟内脏中细菌之间的竞争，应称为"中宇宙"。"中宇宙"就包括那些大型实验蓄水池或室外围栏等，受控于自然波动环境因子，如光照和温度，并且能够容纳具有更复杂生活史的大型生物，所以"实在性"较强。这方面典型的例子有哈珀（Harper）等在迈阿密大学的野外生态学研究基地所做的实验：他们人工建造了一个由不同大小和间隔距离的草地缀块所组成的模型系统（大约数百平方米），对草地田鼠（Microtus pennsylvanicus）的种群动态进行了观察研究。[3]另外，"中宇宙实验"的例子还有美国生物圈 2 号实验。

三、宏观宇宙实验

至于"宏观宇宙"，一般指的是地球、大积水区域或自然景观，是用于原始的或"对照"测量的自然系统，对此进行的实验又称"宏观宇宙实验"。[4]

---

① Boyle T B，Fairchild J F. The role of mesocosm studies in ecological risk analysis[J]. Ecological Applications，1997，7（4）：1099-1102.

② Lawler S P. Ecology in a bottle: Using microcosms to test theory[M]//Resetarits Jr W J，Bernardo J. Experimental Ecology: Issues and Perspectives[M]. New York: Oxford University Press，1998：237.

③ Harper S J，Bollinger E K，Barrett G W. Effects of habitat patch shape on population dynamics of meadow voles（Microtus pennsylvanicus）[J]. Journal of Mammalogy，1993，74（4）：1045-1055.

④ McGarigal K，Cushman S A. Comparative evaluation of experimental approaches to the study of habitat fragmentation effects[J]. Ecological Applications，2002，12（2）：335-345.

宏观宇宙实验是直接面对真实（现实）世界所做的实验。它是在更接近实验对象存在和生长的环境条件下进行的，因此，检测到的相互作用显然也是在自然界中发生的。对于研究大的、存活时间长的，或行为复杂的生物，这样的实验是唯一可行的方法，在实验室的限制下及在微宇宙条件下不可能对它们进行检验。

最有代表性的宏观宇宙实验是"大气环境下 CO_2 气体浓度增加"实验——在田间状态下直接通入高浓度的 CO_2 进行实验。这是公认的研究植物对高 CO_2 浓度响应的最理想的手段之一。如此，宏观宇宙实验将实验过程"搬"到自然界中，在"自然条件下"对实验对象进行研究，以最大限度地消除微宇宙实验中的那种人工性和实验知识的"非自然性"，获得对自然状态下的生态学对象的认识。

由上面的论述可以明了，尽管从实验室微宇宙实验到自然微宇宙实验，再到中宇宙实验，最后到宏观宇宙实验，离真实的自然世界距离越来越近，"自然性"（或"实在性"）越来越强，但是，其根本的目标没有改变，即选择或建立关于研究对象（原型）的模型系统，然后对模型系统进行实验，获得实验结果，最后将相应的实验结果外推到研究对象（原型）及更多尺度的研究对象（原型）上。因此，生态学宇宙实验也是一类模型实验，能模拟自然，即结果能否适用于原型系统或外推到更大的系统，就成为这类实验的目标。

一句话，宇宙实验是在"模拟"自然。

在生态学中，宇宙实验是在实物的意义上模拟自然的，因此，它属于实物模型实验。另外一类生态学模拟实验是计算机模拟实验，它也是在模拟自然，只不过它是在摆脱自然限制的基础上模拟自然。具体来说，就是在对现实生态系统进行考察研究的基础上进行抽象，建构相应的数学模型；然后分别改变数学方程中的变量参数，在计算机上进行运算，得出与改变相应的种群或群落过程的特征和结果。在这一过程中，无论是模型的建构，还是模型建构之后的计算，都要与实际观测数据相结合，通过模型对实际观测数据的运行和计算进行分析和预测，以确定计算机模拟实验的"有效性"。

这样一来，计算机模拟实验仅仅是对现实生态学系统的抽象，有一定的限度和有效范围，经过验证，确定了其"真实性"之后，便可作为一种实验方式进行实验。它表面上是一种虚拟的数学模型，实际上是对生态学系统时空变化的数学概括；表面上是一种虚拟实验，实际上是与真实生态系统联结在一起的，恰似在实地进行实验。

随着计算机技术的飞速发展，对于大尺度野外调查或实验操作面临的实际困难，计算机模拟实验成为一种正在兴起的生态学研究方法。如美国研究者在电脑中培养了一种类似简单机体的数字生命，并让它繁殖了 1.5 万代。这一实验证实，简单生命的演化同样遵循达尔文的适者生存理论，而且这一过程相当漫长。再如研究者们通过模拟软件创造出一种叫"Alife"的生命。"Alife"从"白痴"进化到"聪明"，但这一进化过程相当缓慢，经历了逐步升级的逻辑推理挑战。[①]

从计算机模拟实验的定义和内涵看，也是为了获得对自然界中存在的对象（原型）的认识，就此而言，它也是追求"自然性"的。那种借口"生态学实验室实验不能真实反映自然界中的存在"，而认为"生态学不需要实验室实验"的观点，是片面的和错误的。诚然，生态学实验室实验是实验者在实验室内，通过人工模拟自然环境，有效控制各种生态学因素进行的，与自然有一定距离，但是，如果生态学实验对象选择正确，设计得当，处理得好，还是能够获得对自然界中存在的生态学的对象或现象的认识的，能够体现生态学实验的"自然性"。

第四节　自然实验："追随"自然

自然实验（natural experiment），是一类比较特殊的实验。戴蒙德（Diamond）认为，自然实验的特点是"自然干扰（disturb）发生在野外"[②]；"实验者没有施加干扰，而是选择正在或已经发生的干扰。这种干扰或是自然产生的，或是人类（除实验者之外）引发（initiated）的。根据实验要求，实验者选取对

---

① 南方都市报. 模拟生命进化实验显示数字机体也遵守达尔文理论[EB/OL]. http://tech.sina.com.cn/o/2003-05-09/1141185030.shtml[2003-05-09].

② Diamond J. Overview：Laboratory experiments，field experiments and natural experiments[M]//Diamond J，Case T J，et al. Community Ecology. New York：Harper and Row，1986：3.

照地点（control sites），以使得形成对照的这两类地点之中一类有相应干扰，一类没有相应干扰，除此之外，在其他方面尽可能相似"[①]。就此而言，它与"事前/事后实验"（before/after experiments）有点类似——对同一对象，施加"处理"前在正常的情况下进行测量，收集数据，"处理"过程中或之后再进行测量，收集数据，然后对事前和事后的实验结果进行对比，以了解"处理"的效果，只是前者实验者没有对实验对象加以"干涉"或"处理"，而后者则加以"干涉"或"处理"。

事实上，自然实验早就被科学家用于生物学或生态学的研究中。例如，华莱士（Wallace）和达尔文（Darwin）分别研究了印度尼西亚和加拉帕戈斯（Galápagos）岛屿间的动植物群落变化格局，提出了自然进化和自然地理学中革命性的见地。这事实上就是对未经人类设计的或未受到人类活动影响的"自然干扰"，如岛屿的大小及其隔离程度对物种的相关影响的观察获得的。再如，岛屿生物地理学，可被认为是景观生态学发展的基础，就是从一系列自然实验中形成的。

自然实验可分为两类：一类是自然瞬态实验（natural snapshot experiments），实验者只观察某种老旧系统的最终状态或瞬时状态；另一类是自然轨迹实验（natural trajectory experiments），实验者观察事件发生的轨迹，或者观察那些能够根据历史的活化石记录而重构起来的轨迹，如起源于火山喷发、冷冻、干旱、外来物种入侵或灭绝等的自然干扰，以及纵火、富营养化等的人为干涉。

自然实验有其自身的优势。首先，自然实验会利用比人类或生态学家大得多的自然力，在较大的空间尺度上发挥作用，影响或改变大尺度的区域，如较大的岛屿甚至大陆。厄尔尼诺（El Niño）、墨西哥湾暖流（the Gulf Stream）、圣安地列斯断层（San Andreas fault）等自然力量对自然的作用就是这样。

其次，自然实验能够跟踪超出数十年之久的干扰的轨迹，在一个扩大了的空间和时间尺度上进行，有利于探讨该尺度内的所有问题（包括进化问题）。这一点，对于野外实验来说，是不可能的。因为数十年时间的实验，无论在

---

① Diamond J. Overview: Laboratory experiments，field experiments and natural experiments[M]//Diamond J，Case T J，et al. Community Ecology. New York：Harper and Row，1986：12.

人力上还是在费用上，人类都承担不起。可以说，相比那些无法进行的生态学实验室实验和野外实验，自然实验是一种非常重要的研究方法。

最后，自然实验具有普遍性。因为它致力于研究地理上分散的地点，能够在一个更为广阔的范围上，对地点之间的自然变异进行取样，这样一来，相对于大范围的地点，其所获得的有相应干扰因素和没有相应干扰因素的地点之间的差异，就可能更加显著。生态学实验室实验，根本没有对自然变异进行取样；生态学野外实验，虽然对自然变异进行了取样，但是实验者人为地集中于邻近的地点，并且试图在尽量小的自然变异对象中选取更少的样本，使得对照地点和实验地点可以很好地匹配，如此虽然能够增加"所获得的结论适用于该研究地点"的可信度，但降低了"所获得的结论适用于其他地点"的可信度，从而影响其实验结果的普遍适用性。

自然实验虽然具有上述优势，但也存在着不足。其所选取的对照点都是自然界中存在的而不是选择的，在地理上是分散的而不是相近的，因此，实验地点和对照地点之间的差异通常很大。这给观察者进行相应的观察带来了很大困难，也相应地影响到此类实验认识的"正确性"。另外，对于自然瞬态实验，实验者仅仅了解的是某一轨迹的单一瞬态，而不是整个轨迹。明显地，这与自然轨迹实验相比，就损失了大量信息。这些信息不仅涉及原因-效应链条中通常具有决定效果的时间序列，还涉及其中的事物及其关系。

不仅如此，在自然轨迹实验中，干扰通常是某些明确的事件，如疾病的暴发，可以被识别。但是，在自然瞬态实验中，研究者没有观察到干扰，干扰仅仅是推断出的，使得这样的推断不准确。例如，现在调查某一区域物种 A 和物种 B 的关系，发现当没有物种 A 时，物种 B 的丰度比有物种 A 时的高。据此，有人提出这样的解释，这是由于物种 A 以某种方式（例如竞争或捕食）降低了物种 B 的丰度。这未必合理。也许，在这一区域的每个地点上，物种 A 存在或者不存在，都与物种 B（包括物种 B 的丰度）无关，或者都与物种 B 的丰度直接相关的因素无关。之所以出现"当没有物种 A 时，物种 B 的丰度比有物种 A 时的高"这一情况，是由于其他因素作用的结果，即"物种 A 的存在"相对于"物种 B 的丰度减小"，既非必要条件，也非充分条件。

　　从上面的分析可以看出，无论是对自然实验优点的渲染，还是对自然实验不足的完善；无论是出于自然本身的干扰而引起的自然生态的变化，还是出于人类有意或无意的干扰所引起的自然变化，归根到底还是利用自然界的运动和人类的活动，达到认识自然的目的。虽然他们没有进行真正的实验，但是，他们所做的就是"追随"自然的路径去获得关于自然的认识。就此而言，自然实验"追随"自然——追随自然以及人类活动对自然的影响的产物。

　　自然实验与操纵实验、观察格局和博物学是不同的。操纵实验是利用人为处理来进行相关研究，进行实验。观察格局和博物学是对生物与环境之间的关系进行观察、考察，没有进行实验。在自然实验中，虽然实验者没有对实验对象进行干涉或处理，即没有进行具体的实验，但是实验者已经在选择及观察那些自然因素或人为因素随机作用下自然所呈现出来的状况，此时，这些自然因素及这些不以实验为目的的人类对自然对象的作用——干扰或者干涉，使他们成为事实上的实验者。这是一类新的实验。正是鉴于此，哈格罗夫将此称为"准实验"（quasi-experiments），即处于传统实验和观察之间的中间类型，并认为它基于以空间代替时间（space-for-time substitution，SFT）[①]方法，作为操纵实验与描述手段之间的折中方案，用以突破在景观生态学中大尺度的传统实验（即受控实验或操纵实验）难以贯彻的局限。[②]

　　从上述各种生态学实验的内涵和特征的分析中可以看出，无论是按照哪种分类标准划分的生态学实验，都有一个相同的目标，就是努力去获得自然界中存在的生物与环境之间的关系，以体现"自然性"。虽然它们基于认识对象的不同特点及认识的阶段性，对自然的作用方式不同，但是，它们的宗旨是一致的，即"回归自然"以获得对"自然状态"下的相应对象的认识。如此，也决定了它们对实验对象的选择、实验仪器的作用、实验原理的建构、实验方案的设计、实验过程的进行及实验结果客观性的讨论等，都围绕着最终实验结论是否能够真实反映自然界中存在的生物与环境之间的关系进行。

---

① SFT 根据对不同年龄地点（空间）的研究来推断时间上的趋势，并且假定空间和时间变异是等价的，重要的过程是独立于空间和时间的。生态学研究中就采用了 SFT 方法，如从相似的地点寻找不同年龄的植被，从而揭示出植被演替的过程。

② Hargrove W W, Pickering J. Pseudoreplication: a sine qua non for regional ecology[J]. Landscape Ecology, 1992, 6（4）: 251-258.

如果说传统的科学实验是将自然搬到实验室中，在"干涉"的基础上进行现象的"制造"，其目标是"自然的再造"，具有科学事实的"建构性"和"非自然性"（unnaturalness），那么，生态学实验则是将实验室搬到自然中，在观测、处理、模拟、追随自然的基础上进行现象的"还原"，其目标是"自然的发现"，具有科学事实的"实在性"和"自然性"（naturalness）。"自然性"应该是生态学实验实在论与传统科学实在论之间的根本性的区别，也是生态学家与传统科学家不同的认识目标和评判科学的标准。

第三章
生态学实验仪器的"自然回推"

生态学实验与传统科学实验的目的不同，主要目的不是要获得实验室中实验对象的认识，而是要认识自然界中存在的生物与环境之间的关系，具有"自然性"的本质特征。这样的特征，对于生态学实验过程中所使用的科学仪器有什么样的要求和限制？生态学实验过程中所使用的科学仪器有哪些？主要完成什么功能？它们与自然之间有什么关系？是如何体现生态学实验的"自然性"特征的？需要对此进行深入分析。

第一节　科学实验仪器的自然关联

要弄清楚生态学实验仪器与自然之关联，就要弄清楚科学仪器与自然之关联。关于此，不同历史时期的学者有不同的看法。

逻辑经验主义坚持科学真理观，普遍认为观察语句与理论语句是二分的，经验能够给予理论的"真理性"以明确的检验，即：如果待检理论是正确的，那么会有相应的理论演绎结果；如果进行实验，并且获得了相应的、与理论演绎结果相一致的实验结果，那么该理论就得到了"证实"；如果获得了与理论演绎结果不一致的实验结果，那么该理论就得到了否证，即被"证伪"。

根据上述思想，理论的"真理性"仅仅与实验有关，而与实验过程中的仪器无关，仪器已经被预设为一个不容怀疑的、能够提供正确事实的"工具"

或"黑箱",起着"自然之镜"的作用,即通过仪器所产生的就是自然界中所存在的,仪器发现了自然界中存在的对象和现象。

上述观点受到一些反实在论者的反驳。这些反实在论者认为,对于可观察的实体,可以确定它们的存在;而对于不可观察的实体,如电子等,没有办法确认它们是否存在,进而,关于它们的理论,也没有办法确证。

哈金(Hacking)不同意上述反实在论的观点,提出实验实在论:"实验工作为科学实在论提供了最强有力的证据。这不是因为我们测试了关于实体的假设,而是因为原则上不能被观察的实体被有规律地操作而产生新的现象,并(依此为依据)研究自然的其他方面……我们对电子的因果性理解的越多,就越能建立更多的设备以更好地理解自然的其他方面效应。"[1]如对于电子是否存在,他就说:"当我们有规律地开始去建立(且经常成功地建立)新的仪器,且这些仪器基于更多的自然假设进行干涉并产生各种易理解的电子因果特征时,我们就完全认为电子是实在的。"[2]

根据哈金的实验实在论,通过对实验仪器的相应操作,"实验创造了现象"。不过,他同时又说:"我认为电子不是被创造的,但是光电效应确是在一种纯粹状态下创造的。"[3]这就是说,他承认相关实验的贯彻创造了在自然界中不能自发呈现的现象,但是,他不承认实验创造了这些现象所承载的对象,如电子等。

建构论者并不赞同哈金的实验实在论。其代表人物谢廷娜就认为,实验室是一个生产(科学)知识的特殊工厂或作坊(workshop),其产品(科学知识)首先并且主要是一个人工制作过程的结果。这一点通过三个方面来说明。一是实验室的现实是高度人工化的。实验室像一个工厂,不是被设计来模拟自然的建制。实验室中不仅不包容自然,甚至尽可能地将自然排除掉。她注意到,科学家在实验室中所面对和处理的都是高度预构好了的人造物。二是科学研究是借助工具操作的。在实验室中,科学研究的工具性不仅在科学家所操作的"事情"的性质中表现出来,而且也体现在科学行动的专注中。这种借助工具所完成的观察,在很大程度上,截断了事件的自然路线。三是

---

① Hacking I. Representing and Intervening[M]. Cambridge:Cambridge University Press,1983:262.

② Hacking I. Representing and Intervening[M]. Cambridge:Cambridge University Press,1983:265.

③ Hacking I. The self-vindication of the laboratory sciences[M]//Pickering A. Science as Practice and Culture. Chicago:Chicago University Press,1992:37.

科学家是"实践推理者"（practical reasoner）。实验室行动是在一种复杂排列的环境中进行的，科学家的行动就是设法降低环境的复杂性，从无序中制造出秩序，"产生工作结果"（making things work）。[①]据此，科学仪器所起的作用就是否定自然——"非自然"，"建构"事实，"制造"自然界中不存在的对象和现象。

这是一种强意义上的"现象创造"。"现象创造不仅意味着现象发生是由创造适当条件这一行为发动的，而且意味着所有的现象本身的性质都是由实验者所创造的。"[②]

正是沿着这样一个思路，建构论者拉图尔（Latour）把仪器作为"铭写装置"（inscription instrument）。含义是：科学认识的最终结果是科学文本（数据、图表等），这种文本是认识者（实验者）通过各种仪器（apparatus），负荷相应的能量（电、水等）和信息（信件、电话、杂志等），作用于相应的对象（动物、化学试剂等），生产出来的。这样一来，实验过程中的那些具体化的物质性的东西成就了书面文本（written documents）。[③]

这些书面文本所谈论的对象或现象存在吗？拉图尔等认为："对于被制造者描述为客观实体的人工实在（artificial reality），事实上是由于铭写装置的运用才被建构出来的。"[④]没有生物鉴定，就不能说相应的物质就存在；没有分馏塔，就不能说相应的馏分就存在……由此可见，没有仪器这样的人工物，其他人工物如实验现象乃至实验对象都不能被认为存在，仪器把其他人工物带入存在。"仅仅是豚鼠本身将无法告诉我们任何关于内啡肽与吗啡的相似性；它不可被运用到文本中，也无法帮助我们确信。唯有其内脏的一部分，被捆绑在一个玻璃窗口中，与生理仪器联结起来，有关的内容才可以组织到文本中，并增加我们的确信。"[⑤]

① 赵万里. 科学的社会建构——科学知识社会学的理论与实践[M]. 天津：天津人民出版社，2002：216-221.

② Kroes P. Physics，experiment，and the concept of nature[M]//Radder H. The Philosophy of Scientific Experimentation. Pittsburgh：University of Pittsburgh Press，2003：25.

③ Latour B，Woolgar S. Laboratory Life：The Construction of Scientific Facts[M]. Cambridge：Harvard University Press，1986.

④ Latour B，Woolgar S. Laboratory Life：The Construction of Scientific Facts[M]. Cambridge：Harvard University Press，1986：64.

⑤ Latour B. Science in Action：How to Follow Scientists and Engineers Through Society[M]. Cambridge：Harvard University Press，1987：67.

其二，在拉图尔那里，科学仪器生产了"铭文"，它们与其他物质性的东西被带入话语（discourse）或整合进"科学文本"之中。此时，世界或自然在其中不起任何作用，成了一个与实验对象或现象无关的存在。"'世界/仪器/铭文'三位一体被二分体'仪器/铭文'所取代。一个仪器就是产生铭文的某些东西，像自动收报机打出字条那样的机器。"①

不能说拉图尔的上述观点毫无道理。但是，深入分析将会发现，拉图尔走得太远了。可以这么说，没有实验仪器，相应的物质或者不能被发现，或者就压根不存在，但是，经过实验者对实验仪器的相应操作，以及对实验对象的相应作用，这样的"仪器呈象"是相对独立的、客观的、真实的。②由此，还不能完全否定"原始意义上的自然的存在"，正是这一存在成为"仪器现象制造"最根本的物质基础。在此，还是要把那些制造和操作具体事物的科学家，与那些利用他们的实践结果进而讨论、写作并因此生产"科学"的科学家加以区分。"后者就是操作观念或者对自然的表征，前者就是操作自然。"③后者一定程度上可以脱离自然存在，前者则与自然不可分离。

综合上述的观点，可以得出下面的结论：固守"科学仪器就是'自然之镜'"是错误的，但坚持"科学仪器脱离世界并且完全创造了另外一个世界"也是有失偏颇的，科学仪器的使用与自然紧密关联。

问题是，这样的关联究竟如何呢？哈雷（Harré）认为，这涉及以下两组主要的哲学问题：第一组，实验室设备的本体论境况是什么？它是物质世界的一部分吗？或者它可以被视为是与物质世界分离或物质世界之外的东西吗？正如探测器，它不影响样本但受到样本影响；第二组，仪器被引发出来的状态的认识论地位是什么？特别地，从这些状态，关于自然，我们能够"回推"什么？④

哈雷就科学仪器，对上述两组问题作了回答。

---

① Harré R. The materiality of instrument in a metaphysics for experiments[M]//Radder H. The Philosophy of Scientific Experimentation. Pittsburgh：University of Pittsburgh Press，2003：23.

② 肖显静，郭贵春. 仪器实在论[J]. 自然辩证法研究，1995，11（10）：23-24.

③ Harré R. The materiality of instrument in a metaphysics for experiments[M]//Radder H. The Philosophy of Scientific Experimentation. Pittsburgh：University of Pittsburgh Press，2003：25.

④ Harré R. The materiality of instrument in a metaphysics for experiments[M]//Radder H. The Philosophy of Scientific Experimentation. Pittsburgh：University of Pittsburgh Press，2003：25-26.

他认为，如果以实验室中的设备（equipment）与世界之间的关系来进行分析，科学仪器（apparatus）可以分为两类：作为世界系统模式的仪器（apparatus as models of the systems in the world），以及因果地关联于世界的工具（instrument in causal relation of the world）。前者是按照世界某些部分的运行模式（working model）发挥作用的，后者是以一种可靠的方式将自身的状态与世界的某些特性因果地关联；前者的因果关系是在模型系统内，后者的因果关系把设备与世界相连。[①]

进一步地，他又把作为世界系统的模式的仪器分为"作为自然系统驯化版本的物质模拟"（material models as domesticated versions of natural systems）的仪器以及"仪器—世界复合体"（apparatus-world complexes）。

对于"作为自然系统驯化版本的物质模拟"的仪器，哈雷指出："这种类型的仪器是某种物质设置（material setup）的驯化的或（和）简化的［domesticated or（and）simplified］版本。对于我们来说，它有两个重要特征：

（1）它在荒野中（wild）被找到，它发生于无人的自然中，没有受到人类的建构和干涉；

（2）它是原生的（feral）设置，是这样一类确定的现象：可以被觉察、看到、听到和品尝等。"[②]

据此特征，"这些仪器是一种自然地发生的物质设置的物质模拟。"相关例子如用于做实验的果蝇群体[③]、阿特伍德机（Atwood machine）[④]等。

---

① Harré R. The materiality of instrument in a metaphysics for experiments[M]//Radder H. The Philosophy of Scientific Experimentation. Pittsburgh：University of Pittsburgh Press，2003：25-26.

② Harré R. The materiality of instrument in a metaphysics for experiments[M]//Radder H. The Philosophy of Scientific Experimentation. Pittsburgh：University of Pittsburgh Press，2003：26.

③ 一个果蝇群体是果园中的各种果蝇经过选择而被驯养的驯化版本。如果实验室果蝇群体的可操作性的确定条件适合，那么就有可能对其遗传特性进行实验室的或实验的研究。

④ 阿特伍德机（Atwood machine，又译作阿特伍德机或阿特伍机），是由英国牧师、数学家兼物理学家的乔治·阿特伍德（George Atwood，1746～1807）在发表的《关于物体的直线运动和转动》一文中提出的，用于测量加速度及验证运动定律的机械。此机械现在经常出现于学校教学中，用来解释物理学的原理，尤其是力学原理。其基本结构为在跨过定滑轮的轻绳两端悬挂两个质量相等的物块，当在一物块上附加另一小物块时，该物块即由静止开始加速滑落，经一段距离后附加物块自动脱离，系统匀速运动，测得此运动速度即可求得重力加速度。一个理想的阿特伍德机包含两个物体质量 m_1 和 m_2，并由无重量、无弹性的绳子连接并包覆理想且无重量的滑轮。当 $m_1=m_2$，机器处于力平衡的状态；当 $m_2>m_1$，两物体皆受到相同的加速度。阿特伍德机可以用来证明牛顿第二定律。

根据上述关于"作为自然系统驯化版本的物质模拟"的仪器的定义,事实上,鉴于自然的复杂性,此类仪器要去完成科学实验上通常所称的"纯化、简化自然""强化、弱化自然""模拟、再现自然"的功能。它们不同于原型(ancestors),与这些原型相比,更简单、更规则、也更容易操作。因此,其中所发生的,在自然界中可能并不能够原封不动地发生。不过,必须清楚,它们又是产生于自然界中的原生形式,自然领域是该模拟的源泉,该模拟是对原型的"驯化"。由此,"在仪器和自然设置之间并不存在本体论的不同,仪器和程序的选择保障了这种同一性,因为仪器就是自然发生的现象以及物质设置的某种版本,在其物质设置中,现象发生了"[①]。如此,"'驯化'允许强回推(back inference)到荒野,因为相同种类的物质系统和现象发生于荒野和驯化中。这种类型的仪器是实验室中自然的一部分"[②]。伽利略的斜面实验比较充分地说明了这一点。

对于"仪器—世界复合体",哈雷认为,这是一类"玻尔式的复杂体"(Bohrian complex)。所谓"玻尔式的复杂体",最早是由量子力学奠基者尼耳斯·玻尔(Niels Bohr)所设想的。玻尔在研究量子现象时发现:"在经典物理学的范围内,客体和仪器之间的相互作用可以略去不计,或者,如果必要的话,可以设法将它补偿掉,但是,在量子物理学中,这种相互作用却形成现象的一个不可分割的部分。因此,在原理上,对量子现象的真正无歧义的说明,必须包括对实验装置之一切有关特色的描述。"[③]

分析这类仪器,对它进行适当操作,产生了原生世界或原生自然界中不存在的现象。这类现象既不能脱离仪器而存在,也不能脱离自然而存在,因为,在此类现象的产生过程中,被研究的对象与仪器之间有一个不可控制的作用,从而形成"仪器—世界复合体"——"一个仪器不是超越于世界并在世界之外的某个东西,而是与自然因果地相互作用。这就是工具的作用。仪器以及它所涉身其中的邻近的世界部分构成一个事物。"[④]

① Harré R. The materiality of instrument in a metaphysics for experiments[M]//Radder H. The Philosophy of Scientific Experimentation. Pittsburgh:University of Pittsburgh Press,2003:28.

② Harré R. The materiality of instrument in a metaphysics for experiments[M]//Radder H. The Philosophy of Scientific Experimentation. Pittsburgh:University of Pittsburgh Press,2003:27.

③ 玻尔. 尼耳斯·玻尔哲学文选[M]. 戈革,译. 北京:商务印书馆,1999:232.

④ Harré R. The materiality of instrument in a metaphysics for experiments[M]//Radder H. The Philosophy of Scientific Experimentation. Pittsburgh:University of Pittsburgh Press,2003:29.

在"仪器—世界复合体"中，仪器完全与世界混合在一起，仪器以及世界这两个组成部分都不能够从产生现象的现实中分离出来，导致的结果是"科学就是对于仪器—世界复合体的研究"①。

此类研究所导致的现象，哈雷称之为"玻尔式的现象"。对此，他说："玻尔式的现象既不是仪器的性质也不是由仪器所引起的世界的性质。它们是一种新的实体的性质：仪器与世界即仪器—世界复合体的无法分解的结合。"②

既然如此，在这种"仪器—世界的复合体"中，自然的位置怎样呢？或者说，这种仪器—世界复合体与世界、自然的联系如何呢？要回答这一问题，就要从这一现象回推自然。

哈雷对这一问题进行了深入研究，他认为作为一个类似于"作为自然系统驯化版本的物质模拟"仪器，"回推自然"已不再可能，可能的是从自然的倾向性（disposition）、潜在性（potential）和可供性（affordance）③作出的解释。④

对于第二种仪器，哈雷认为，它们是"因果地关联于世界的工具"。所谓"因果地关联于世界的工具"指的是，"工具是因果地由自然的过程影响的，工具中的变化是物质世界的相应状态的效应"⑤。"这些效应必须根据自然中

---

① Harré R. The materiality of instrument in a metaphysics for experiments[M]//Radder H. The Philosophy of Scientific Experimentation. Pittsburgh：University of Pittsburgh Press，2003：29.

② Harré R. The materiality of instrument in a metaphysics for experiments[M]//Radder H. The Philosophy of Scientific Experimentation. Pittsburgh：University of Pittsburgh Press，2003：31.

③ 可供性（affordance）是吉布森（Gibson）提出的一个概念（可以说是造出），是他开创的生态学的视知觉论（相对于其他认知学派比如格式塔，那么可用"直接认知论"这个词）的一个重要内容。可供性（affordance）是提供、给予、承担（afford）的名词形式，环境的可供性是指这个环境可提供给动物的属性。吉布森用来解释可供性的例子是这样的：如果一块地表面接近水平而不是倾斜的，接近平整的而不是凸起或凹陷的，充分延伸的（与动物的尺寸相关），并且地表面的物质是坚硬的（与动物的重量相关），那么，我们可称之为基底、场地或地面，它是可以站上去的，可以让四足或两足动物站立其上行走和跑动的，而不像水表面或沼泽表面之于一定重量的动物那样是可沉陷的。在此列出的四项属性——水平、平整、延伸和坚硬，是该表面的物理属性，可以用物理学的度量衡去衡量，但是一旦涉及特定动物的支撑可供性，就必须与动物关联才能被衡量。如此，这四项属性就不单纯是抽象的物理属性了，它们与特定的动物特定的姿势和行为相关。进一步的分析表明，环境的可供性既不像物理属性那样是一种客观属性，也不像价值和意义那样是一种主观属性，它看上去是既主观又客观。吉布森认为可供性跨越了主观和客观的二分法，既是物理的也是心理的，它同时指向环境和观察者。

④ Harré R. The materiality of instrument in a metaphysics for experiments[M]//Radder H. The Philosophy of Scientific Experimentation. Pittsburgh：University of Pittsburgh Press，2003：34-38.

⑤ Harré R. The materiality of instrument in a metaphysics for experiments[M]//Radder H. The Philosophy of Scientific Experimentation. Pittsburgh：University of Pittsburgh Press，2003：20.

的过程以及仪器状态之间具有的被假定的因果关系来解释。"①如温度计，是根据热胀冷缩的原理制造的，因果地体现了相应的科学原理，其中水银柱的长度变化，也因果地关联其周围环境的温度或待测物体的温度，即它们的温度越高，将会或由传导，或由对流，或由辐射，导致温度计的温度上升，从而相应地导致温度计中水银柱的长度发生相应的变化。

这样一来，工具不仅能够与自然相分离并且独立于世界而存在，而且其状态"可以承载引起工具状态的那个世界的状态"②。"在理想化的实验中，设备和工具的效应的产生，并不改变世界的状态，而它们的状态仅仅是世界的一个结果。"②在非理想化的实验中，有经验的实验者仍然可以采取有效的措施，来补偿温度计温度变化对待测对象的影响。一句话，作为"因果地关联于世界的工具"的科学仪器，从基于因果的工具的状态"回推"，可以得到自然的状态。

除了哈雷探讨了科学仪器与自然的关系之外，海德尔伯格（Heidelberger）也对此问题进行了分析。海德尔伯格认为，科学实验可以分为两种类型："一种是因果层次上仪器操作得以识别的实验，一种是理论层次上发生的实验，在因果层次上的实验结果可以用理论的超级结构（它本身也具有因果含义）来表征。"③前者是"诉诸因果理解的理论负载"的实验，它改善和扩展了相应的因果知识；后者是"通过理论解释的理论负载"的实验，它调节自身以与理论情境相适应。

在上述分析的基础上，海德尔伯格进一步把前者分为三种类型：生产性的（productive）科学仪器——其目标是制造出一般不在人类经验领域中出现的现象，如加速器、显微镜、分光镜等；建构性的（constructive）科学仪器——控制现象使之按照一定的方式运行，如莱顿瓶；模拟性的（imitative）科学仪器——它们被用来以相同的方式产生在自然界也出现的一些效应，而

① Harré R. The materiality of instrument in a metaphysics for experiments[M]//Radder H. The Philosophy of Scientific Experimentation. Pittsburgh：University of Pittsburgh Press，2003：20.

② Harré R. The materiality of instrument in a metaphysics for experiments[M]//Radder H. The Philosophy of Scientific Experimentation. Pittsburgh：University of Pittsburgh Press，2003：32.

③ Heidelberger M. Theory-ladenness and scientific instruments in experimentation[M]//Radder H. The Philosophy of Scientific Experimentation. Pittsburgh：University of Pittsburgh Press，2003：145.

不受到人类的干预，如近似地模拟生物体中酶的产生的实验。①对于后者，他认为，这是在仪器的帮助下调整实验以与理论情境相适应或同化到理论解释中，此时仪器的表征作用凸现出来，可将此称为"表征性的（representative）科学仪器"——在仪器中符号性地表征自然现象的关系，并因此可以更好地理解现象是如何有序和相互关联。②这类仪器典型的有钟表、天平、静电计、检流计、温度计等。它们所起的作用非常类似于贝尔德（Baird）的"信息转换（information-transforming）仪器"——把输入信息转换为更为有用的输出形式，尽管所涉及的属性高度集中，它们却保持现象的秩序。③

从上面海德尔伯格对科学仪器的分类看，生产性的仪器中的一部分是产生新现象的，但是，另一部分只是把自然界中原先存在的但不能为人类单纯的感官所感知的现象呈现出来；他的建构性的科学仪器是顺应"理论"或者是"规训"对象或现象的，由此产生出来的对象或现象是自然界中所没有的；他的模拟性的仪器有对自然的模拟，这是与自然相一致的；他的表征性的仪器，属于测量仪器。

哈克曼（Hackmann）也从仪器与自然的关系的角度对科学仪器加以区分。他把科学仪器分为介入自然的"积极（postive）仪器"和减少对任何相关对象影响的"消极（negtive）仪器"。④在此不再赘述。

第二节 生态学实验仪器的分类与功能

生态学实验仪器属于科学仪器。科学仪器是指"为天文、地理、物理、

① Heidelberger M. Theory-ladenness and scientific instruments in experimentation[M]//Radder H. The Philosophy of Scientific Experimentation. Pittsburgh：University of Pittsburgh Press，2003：146-147.
② Heidelberger M. Theory-ladenness and scintific instruments in experimentation[M]//Radder H. The Philosophy of Scientific Experimentation. Pittsburgh：University of Pittsburgh Press，2003：147.
③ Baird D. Factor analysis，instruments，and the logic of discovery. British Journal for the Philosophy of Science，1987，38（3）：319-337.
④ Hackmann W D. Scientific instruments：Models of brass and aids to discovery[M]//Gooding D，Pinch T，Schaffer S. The Use of Experiment：Studies in the Natural Sciences. Cambridge：Cambridge University Press，1989：39-40.

化学、生物等基础学科科学研究工作而研发或生产出来、完成种种在科学实验室中进行的宏观或微观的观察、检测、分析、记录任务的仪器。"①相应地，"生态学实验仪器"也可定义为："为生态学科学研究工作而研发或生产出来、完成种种在科学实验室（或野外）进行的宏观或微观的观察、检测、分析、记录任务的仪器。"

20世纪40年代，布雷彻（Bracher）在《生态学野外研究》（*Field Studies in Ecology*）②一书中介绍了"一只生态学工具箱"。当时，生态学观测用的全部仪器都能装在一个小小的工具箱中，可见当时所用的实验仪器都很简单。

随着数学、物理、化学及技术科学的发展及相关学科向生态学的渗透，现代生态学研究已广泛使用野外自计电子仪器（测定光合、呼吸、蒸腾、水分状况、叶面积、生物量及微环境等），以及同位素示踪（测定物质转移与物质循环等）、稳定性同位素（用于生物进化、物质循环、全球变化等）、遥感与地理信息系统（用于时空现象的定量、定位与监测）、生态建模（从生态生理过程、斑块、种群、生态系统、景观到全球）技术，等等，从而使得生态学实验中的仪器也呈现出多样化、复杂化和专业化的特点，推动着现代生态学的发展。

概括各种生态学实验，既可以是对野外生态环境因子的测定③，还可以是对各种生态学对象如微生物、植物、动物、种群、群落、生态系统等作用，更可以为了应用生态学解决环境而进行。其中需要使用各种各样的仪器。参考相关生态学实验书籍，概括各种生态学实验项目以及所使用的实验仪器，如表3-1～表3-11所示。④~⑨

---

① 范世福. 科学仪器学科的现代化发展[J]. 中国仪器仪表，2009，（5）：26.
② Bracher R. Field Studies in Ecology[M]. London：J W Arrow Smith Ltd，1934.
③ 野外生态环境因子包括地理位置观测、气候气象环境因子测定、水体环境因子测定、土壤环境因子测定。本章将按此分列介绍。
④ 章家恩. 生态学常用实验研究方法与技术[M]. 北京：化学工业出版社，2007.
⑤ 付荣恕，刘林德. 生态学实验教程（第二版）[M]. 北京：科学出版社，2010.
⑥ 冯金朝. 生态学实验[M]. 北京：中央民族大学出版社，2011.
⑦ 李铭红. 生态学实验[M]. 杭州：浙江大学出版社，2010.
⑧ 孙振钧，周东兴. 生态学研究方法[M]. 北京：科学出版社，2010.
⑨ 娄安如，牛翠娟. 基础生态学实验指导[M]. 北京：高等教育出版社，2005.

表 3-1　地理位置观测

序号	测定项目	实验仪器
1	水准测量	一般水准仪、自动安平水准仪、电子水准仪
2	角度测量	经纬仪（光学和电子经纬仪）、罗盘仪
3	距离测量	卷尺、经纬仪、水平仪望远镜、电磁波
4	电子全站仪测量	望远镜、显示屏、光电测距仪等
5	全球定位系统（GPS）高程测量	GPS 接收机、飞机、卫星

表 3-2　气候气象环境因子测定

序号	测定项目	实验仪器
1	辐射观测	辐射表（总辐射表、直射辐射表、散射辐射表、反射辐射表和净辐射表）、照度计（指针式和数字式）、日照计（暗筒式/乔唐式、聚焦式/康培斯托克式）
2	空气温度和湿度	普通温度表、最高温度表、干湿球温度表、通风式干湿表、毛发湿度表、自记温度计、毛发湿度计和百叶箱等
3	气压观测	气压表、气压计等
4	风的观测	电接风向风速仪、EN 型测风数据处理仪、轻便三杯风向风速仪
5	降水观测	雨量器、翻斗式雨量计、虹吸式雨量计
6	蒸发量观测	小型蒸发器
7	能见度观测	投射能见度仪、散射能见度仪
8	小气候观测	DFY2 型短波总辐射表、光量子仪、照度计、DFY5 型净全辐射表、温度观测仪器（干球温度表、最高温度表、最低温度表）、WMY-01 型数字温度表、HM3 型电动通风干湿表、RSY-1A 型适度测定仪、GXH-305 型红外二氧化碳分析仪、RSS-5100 型测氧仪、热球式微风速计、中子仪、TDR 仪、植物冠层分析仪等

表 3-3　水体环境因子测定

序号	测定项目	实验仪器
1	地表水位观测	直立式水尺、自记水位计
2	地下水位观测	自记水位计、测钟
3	地表水深观测	测深杆、测深锤、回声探测仪等
4	流量测定	标尺、经纬仪、测深杆、回声测深仪
5	流速测量	便携式流速仪、机械计数式流速仪、悬挂式流速计
6	水温测量	水温计、深水温度计、颠倒温度计
7	水下辐射测量	水下辐射感应器、水下分光光度计
8	水体 pH 值测定	便携式 pH 计
9	水体导电率测定	电导率仪
10	氧化还原电位测定	氧化还原电位计

表 3-4　土壤环境因子测定

序号	测定项目	实验仪器
1	土壤温度测定	地面温度表、地面最高温度表、地面最低温度表、曲管温度表（浅层）、直管温度表（深层）
2	土壤水分测定	中子探测仪-中子测管、环刀、土壤刀、天平、时域反射仪等
3	土壤相对密度观测	比重瓶、天平、滴管、小漏斗、电热板等
4	土壤容重测定	钢制环刀、削土刀、天平、烘箱、干燥器、小铝盒等
5	土壤 pH 值测定	酸度计、玻璃电极、饱和甘汞电极、pH 复合电极等
6	土壤氧化还原电位测定	氧化还原电位计

表 3-5　分子生态学实验[①]

序号	测定项目	实验仪器
1	等位酶实验，检测生物种群遗传多样性及遗传分化的程度	垂直板凝胶电泳槽、直流稳压或稳流电源（电泳仪）、注射器、进样器、离心机、染色盒、研钵、剪刀、镊子、滴管、烧杯、量筒
2	动植物与微生物样品中 DNA 的 PCR 实验	PCR 仪、高速离心机、低速离心机、电泳仪、水浴箱、冰箱、紫外分光光度计

表 3-6　微生物生态学实验[②]

序号	测定项目	实验仪器
1	土壤微生物生物量碳的测定	土壤筛、真空干燥器、水泵抽真空装置或无油真空泵、pH-自动滴定仪、塑料桶（带螺旋盖可密封）、可密封螺纹广口塑料瓶、高温真空绝缘酯、烧杯、容量瓶、三角瓶
2	土壤蛋白酶活性的测定	离心管、试管、分光光度计、可调式恒温水浴装置、离心机
3	接种、分离、纯化和培养	接种环、接种针、平板法等
4	土壤微生物多样化测定（PLFA）法	分液漏斗、带螺纹的玻璃试管、硅酸色谱柱、硅胶板、搅拌器、振荡机、分光光度计、气象色谱仪、质谱仪等

表 3-7　植物生理生态学实验

序号	测定项目	实验仪器
1	光合作用强度测定	便携式光合作用测定系统，如 BAU、CIRAS-1 和 LI-6400 型
2	叶绿素 a 和叶绿素 b 含量测定	分光光度计、天平、研钵、棕色容量瓶、小漏斗、定量滤纸、吸水纸、擦镜纸、滴管

---

① 限于篇幅，这里对限制性片段长度多态性（RFLP）、随机扩增多态性 DNA 标记（RAPD）、简单重复序列标记（SSR）实验技术没有涉及。

② 限于篇幅，在土壤微生物量的测定中，省去土壤微生物氮、磷、硫的相关测定内容；在土壤酶活性的测定中，省去脲酶活性、磷酸酶活性、纤维素酶活性、β-葡萄糖苷酶活性、蔗糖酶活性等的测定；也省去了土壤微生物多样性的测定方法如 Piolog、PCR-DGGE 分析方法。

续表

序号	测定项目	实验仪器
3	叶绿体光诱导荧光强度测定	冰箱、组织捣碎机、冷冻离心机、玻璃匀浆器、动力学分光光度计
4	呼吸作用强度测定	气相色谱仪、可密封塑料盒、微量注射器、自动记录仪
5	蒸腾强度测定	移液管、铁架台、滴定管夹、乳胶管、天平等
6	植物缺水程度鉴定（脯氨酸法）	分光光度计、研钵、小烧杯容量瓶、大试管、普通试管、移液管、注射器、水浴锅、漏斗、漏斗架、滤纸、剪刀
7	超氧化物歧化酶（SOD）活性测定	分光光度计、冰冻离心机、微量进样器、水浴锅、光照培养箱、小烧杯等
8	过氧化氢酶（CAT）和过氧化物酶（POD）活性测定	天平、冰冻离心机、分光光度计、微量进样器、研钵、漏斗、纱布等
9	植物组织丙二醛含量测定	分光光度计、离心机、水浴锅、研钵、带塞试管等
10	植物内源激素的提取	组织捣碎机、研钵、离心机、旋转蒸发仪、冰箱、液氮罐、分液漏斗、DEAE 纤维素柱等
11	乙烯含量（气相色谱法）	气相色谱仪（配氢火焰离子化检测器）、不锈钢或玻璃柱、三氧化铝填料、带橡皮塞的三角瓶或真空干燥器、氮、氢及空气钢瓶等
12	测定植物内源激素酶联免疫法（ELISA）	酶联免疫测定仪、漩涡混合器、电炉、恒温培养箱、研钵、高速离心机、微量加样器、小试管、移液管、有盖搪瓷盒、试管架、烧杯

表 3-8　动物生态学实验

序号	测定项目	实验仪器
1	动物野外观测	用于定位、测量的仪器，观察所用的仪器，用于摄影的仪器
2	昆虫采集工具	捕虫网、毒瓶、吸虫管、指形管和采集笼等
3	土壤动物野外采集	干漏斗（Tullgren 装置）和湿漏斗（Bacrmann 装置）等
4	土壤动物的镜检和种类鉴定	有数码相机的显微镜

表 3-9　种群和群落生态学实验

序号	测定项目	实验仪器
1	种群增长：实验室条件下酵母菌的种群增长	有螺旋盖的试管、滴管、吸管、试管架、有标尺的载玻片、盖玻片、显微镜、无菌培养箱、酵母菌母液、记号笔或标签纸、坐标纸、光照培养箱
2	种间竞争：两种植物（红萍、青萍）之间对光照、水分和营养等的竞争	塑料盆、完全培养液、烘箱、天平

续表

序号	测定项目	实验仪器
3	群落调查与分析：群落调查取样方法、群落种类组成分析、最小面积的确定	海拔表、皮尺、卷尺、样圆、照度计、GPS 定位仪
4	群落生物量测定：草本植物群落生物量测定	皮尺、卷尺、样圆、剪刀、烘箱、盆架天平、电子天平
5	森林群落生物量与第一性生产力的测定	测绳、测高器、测杆、卷尺、枝剪、木锯、标高杆、标签、麻袋、小布袋、镐头、台秤、烘箱等

表 3-10　生态系统中的物质和能量实验①

序号	测定项目	实验仪器
1	物质燃烧热的测定	氧弹式热量计、分析天平、压片机、压力表、贝克曼温度计
2	土壤有机质的测定	油浴消化装置（包括油浴锅和铁丝笼）、可调温电炉、秒表、自动控温调节器、滴定管、其他玻璃器皿

表 3-11　应用生态学实验

序号	测定项目	实验仪器
1	化学需氧量（COD）的实验测定	全玻璃回流装置、电热板或电炉、酸式滴定管、锥形瓶口
2	大气中总悬浮微粒（TSP）的测定	空气采样泵、气压表、分析天平、滤膜、X 光看片机、镊子、平衡室

第三节　生态学实验仪器与自然相一致

对于上述生态学实验仪器，其与自然之间的关联怎样呢？由此获得什么样的关于自然的认识呢？换句话说，生态学实验仪器与自然（认识对象）之间究竟是什么关系，以及由此相应地获得了怎样的关于对象的认识？

如果生态学实验仪器属于哈金或者建构论者所言的"干涉"实验仪器，则这样的仪器所获得的实验对象有很多不是自然中所有的，而且所产生的现

---

① 限于篇幅，在土壤主要养分含量的测定中，省去了土壤全氮的测定、土壤硝态氮的测定、土壤铵态氮的测定、土壤碱态氮的测定、土壤全磷的测定、土壤速效磷的测定、土壤全钾的测定、土壤速效钾的测定、土壤有效钾的测定；在植物主要养分的测定中，省去了植物全氮（包括硝态氮）的测定，以及植物中磷、钾的测定等。

象也不是自然界中存在的。如果生态学实验仪器是哈雷所称的那几类实验仪器，则要具体分析。如果某一科学仪器属于所谓的"作为自然系统驯化的模型"，则这样的仪器就与自然相一致或基本一致，所获得的认识就是关于自然本身的认识；如果某一科学仪器属于所谓的"仪器—世界复合体"，则这样的仪器与自然对象不可分离，其所获得的认识就不是对单纯的自然的认识，而是对"仪器—自然复合体"的认识；如果某一科学仪器属于所谓的"因果地关联于世界"的仪器，则其所获得的认识可以因果地"回推"到自然本身，由此便能够获得对自然的"自然状态"的认识。如果某一实验仪器属于海德尔伯格的"生产性"和"建构性"的科学仪器，则对自然的干涉较大；如果是属于他的"模拟性"的科学仪器，则与自然本身相合。如果某一实验仪器属于哈克曼的"积极仪器"，则对自然的介入较大；相反地，如果是属于他的"消极仪器"，则对自然的顺应较多。

根据上述原则考察上一节对生态学实验仪器的梳理，它们或者属于生态因子的观察与测定，或者属于生态学系统的调查与分析。

关于生态因子的观察与测定实验，涉及地理位置观测、地形地貌测量、气象气候因子观测、土壤因子观测等，如地理位置方面的水准测量、角度测量、距离测量、高度测量以及全球定位等，气象气候因子方面的太阳辐射观测、空气温度和湿度观测、气压观测、风因子观测、降水观测、蒸发量观测等，土壤因子方面的土壤剖面的调查、土壤温度的测定、土壤水分的测定、土壤容量的测定等，所使用的仪器主要是测量仪器。这是对原生自然的生态因子的观察与测定，目的是获得自然界中存在的那些生态因子参量。

关于生态学系统的调查与分析的实验，涉及种群的调查与分析，如种群的数量特征——种群基本数量特征测定、土壤种子库，种群的结构特征——种群空间格局分析、种群年龄结构分析、种群生态位分析、植物种群密度效应验证等；群落的调查与分析，如群落的结构特征——叶面积指数测定、物种多样性分析、植物种间联结分析、群落生活型谱分析，群落的动态分析——林木竞争指数计算、分层频度调查，群落分析与排序——植物群落的数量分类、植物群落的排序；生态系统功能测定，如生态系统物质循环及能量流动——光合作用测定、树木蒸腾测定、森林凋落物及分解速率测定、森林生物量测定，森林水文功能，如林分小区水量平衡实验样地调查、水量平衡观测方法等。①

从上述实验类型及所用的实验仪器看，它们主要属于哈雷的"与自然有着因果关联的"，所获得的结果能够回推到自然的仪器，有少数属于"作为自然系统驯化版本的物质模拟"，也是可以回推到自然的仪器，如 GPS 等，属于"仪器—世界复合体"的实验仪器未见；主要属于海德尔伯格的模拟性的科学仪器而非其生产性的科学仪器和建构性的科学仪器；主要属于哈克曼的"消极仪器"而非其"积极仪器"。

造成上述结论的一个根本原因是，相关的生态学仪器的选用，与生态学生态因子的测定目标及其认识目的相一致，就是要获得对生态学对象的自然状态或原生状态的认识。

进一步地，考察生态学实验仪器及其进步，可以发现，它还具有以下一系列特征。

（1）所包含的传统科学实验仪器更多的是观察和测定仪器

生态学是一门交叉学科，同时生态学实验对象要涉及大量的生物因素和环境因素。要对生态学实验对象进行观察和测量，就需要各种各样的仪器，既包括传统科学中的实验仪器，如温度计、湿度计、pH 计、天平、显微镜等，又包括适应生态学研究特点而发展起来的仪器，如便携式光合作用仪、植物冠层仪、叶面积仪、遥感仪器等。这些仪器不但为我们提供了各种数据，也为我们提供了实验对象的"呈像"，例如"3S"技术——遥感、地理信息系统，以及 GPS 等。

不过，考察生态学实验仪器所包含的传统科学实验仪器，可以发现，更多的是那些能够改善和延长人类感官的观察仪器如显微镜，以及那些通过人类的感官不能认识到的，但通过此类仪器能够认识到的仪器如原子吸收分光光度计。

前者与自然的一致性是显而易见的。后者情况则要复杂一些。原子吸收分光光度计是各种仪器的集成，其基本原理是：首先设计光源和原子化系统，提取出能反映样品中原子密度或浓度的光减弱信号；然后再设计一系列信道如单色器、光电倍增管、放大器，对提取的信息传递、转换、放大；最后在记录器上以吸光度的形式显示，以其表示待测参量（样品的浓度）。分析这样的仪器，可以发现："待测的参量在整个仪器系统的'流动'中具有拓扑保护

① 国庆喜，孙龙. 生态学野外实习手册[M]. 北京：高等教育出版社，2010.

（经过一对一的连续对应变换而位形仍保持不变）的特征，仪器所传递的信息在同构变换中保持不变，当技术手段、背景知识等保证实验成功的因素实现时，干扰（元素干扰、光谱干扰、化学干扰、物理干扰、背景吸收与扣除）被消除，包含在对象中的信息能在信道中不失真地传递，此时由信源所发出的对接受者有意义的消息的内在含义不变，所改变的只是作为信息的物质载体的实物或能量特征，如样品中的原子浓度→原子结构的信息→光信号→电信号，从而显示了仪器为中介获得的实验结果具有'客观实在性'的本质。"[①]

（2）生态学实验仪器更加接近自然

对于全球生态学来说，以 CO_2 增加实验为例，它最初只是使用玻璃温室，后来使用开顶式人工气候生长室（open-top chamber, OTC），再后来使用了"大气环境下 CO_2 气体浓度增加"（FACE）系统。OTC 与玻璃温室相比，优点在于其顶部是开放的，虽然光照时间和风速仍然小于自然大气环境的数值，但光照、气温、湿度等比较接近自然大气环境。FACE 系统则更进一步，不改变各种气象因素如风速、温度、湿度、光照等，仅仅在自然环境中增加 CO_2 浓度，可以说更加接近自然，所获得的结果更具"真实性"。

（3）生态学实验仪器由室内走向室外

随着技术的进步，生态学实验广泛应用了许多新颖独特的仪器。例如，早期的植物生理生态学主要是将采自野外的实验材料或室内盆栽植物在室内进行分析，并且通常都是离体材料。随着便携式光合作用测定仪（如 LI-6400 等）的诞生，其体积小、具有较高的自动化程度，就使得生态学实验者能够进行现场（in situ）和活体（in vivo）测定，从而也相应地使得原来只能在实验室中进行的生理生化分析能够在野外进行。这样获得的实验结果更接近于自然状态，"真实性"更高。

（4）生态学实验仪器由"理想"走向在线、现场

传统科学实验仪器往往是应实验室环境及其实验操作的要求设计使用的，具有高精密度、高灵敏性等特点，且只能在比较理想化的实验室环境如恒温、恒压、恒电磁等条件下，才能正常使用。这样一类仪器如果应用到生态学野外实验中，则常常失灵。

---

① 肖显静，郭贵春. 仪器实在论[J]. 自然辩证法研究，1995，11（10）：27.

在这种情况下，生态学实验仪器的一个发展方向就是在线、现场化。对于这种在线、现场化的仪器，有学者提出，在技术上它应该满足以下要求："在线、现场应用的基本要求是仪器必须牢固、可靠，还能经受种种现场恶劣环境条件（如强震动、高温、高压、多尘、高电磁干扰等），还应具有较长的工作寿命；在线、现场仪器还必须轻巧（体积和重量尽可能小），以便现场安装或便携到野外，且稳定、长时间工作。""在线、现场用精密仪器必须故障率低、易于检修或零部件能快速卸换；便于使用，不要求专业科技操作人员，有些场合还要能无人操作工作。""在线、现场用仪器应能对获取的海量信息自动、快速完成数字化变换、并完成各种必要的数据处理、变换，可与局域网或 Internet 网进行信息交换、传输；尤其对处于野外、高山、海底、高空等无人值守的环保、军事仪器，还要求可用电池或太阳能电源长期工作。"[①]

（5）生态学实验仪器由"标准"走向"自制"

张守仁等发现在植物生理生态学实验中有两类仪器，一类是商品化（commercialized）的仪器，一类是自制（home-made）仪器。[②]

商业化的仪器，通常并不存在不确定性的问题，甚至像 LI-6400 光合测定仪、FACE 这样较为新颖的仪器，其原理和构造已经非常成熟，在使用和操作过程中，如果仪器出现异常，生态学家通常是能够觉察出来的。

那些自制仪器的情况有所不同。其中一类是完全自制的，如沃格曼（Vogelmann）等率先自制用以探测叶片内部光吸收曲线的光纤探测器。[③]这类仪器具有创新性和超前性，其与认识对象之间的关系及认识的真实性需要特别说明。对于完全自制的仪器，实验者也可以对测量结果进行比较和校正，由此获得准确的结果。更何况，完全自制的仪器一般而言更加契合当地生态环境，因此实验者也更能够获得与当地生态环境一致的知识。

另外一类是在现有仪器的基础上改造的，不完全自制的仪器。如瓦拉达雷斯（Valladares）等为研究光诱导过程而将 LI-6400 的标准叶室改为 $12cm^2$

---

① 范世福. 科学仪器学科的现代化发展[J]. 中国仪器仪表，2009，（5）：27.

② 张守仁，樊大勇，Strasser R J. 植物生理生态学研究中的控制实验和测定仪器新进展[J]. 植物生态学报，2007，31（5）：982-987.

③ Vogelmann T C，Björn L O. Measurement of light gradients and spectral regime in plant tissue with a fibre optic probe[J]. Physiologia Plantarum，1984，60（3）：361-368.

的叶室[1]，奥尔德（Alder）等为探究木质部空穴化而改造了实验室常用的离心机[2]，就是如此。对于此类仪器，由于是实验者为了完成具体的实验而对原有仪器进行的改进，因此，他们通常能够对仪器的正确性有所把握，可以轻松地校正测量结果。

综合上面的研究，可以看出，生态学实验仪器与传统科学实验仪器有很大的不同。传统科学实验是实验室实验，相应的科学仪器在实验室中应用，而生态学实验大多在野外，相应的科学仪器在野外使用；传统科学实验着眼于"干涉"，相应的科学仪器是"建构并创造现象"，是"生产性的仪器""建构性的仪器""积极仪器"，以及"仪器—世界复合体"，而生态学实验着眼于"处理"，相应的科学仪器"作为世界系统的模拟"及"与世界有着因果关系的工具"，是对自然的"驯化"；传统科学实验仪器是标准化的、理想化的、规范化的，而生态学实验仪器是在线的、现场化的、非标准的，甚至自制的。一句话，生态学实验仪器接近自然，回推自然，模拟自然，与自然相一致。这是生态学实验仪器最大的特点，也是生态学实验仪器实在论的核心。

① Valladares F，Allen M T，Pearcy R W. Photosynthetic responses to dynamic light under field conditions in six tropical rain forest shrubs occurring along a light gradient[J]. Oecologia，1997，111（4）：505-514.

② Alder N N，Pockman W T，Sperry J S, et al. Use of centrifugal force in the study of xylem cavitation[J]. Journal of Experimental Botany，1997，48（308）：665-674.

生态学实验的目标是反映自然界中生物与环境之间的关系，因此，它尤其注重获得所研究现象的"真实性"（reality，又称"实在性"）呈现，这也使得生态学实验和传统科学实验有着显著的不同，主要以野外实验所获得的认识是否与自然界中所存在的相合为目标。这是生态学实验必须遵循的原则。问题是：这一原则如何实现呢？它与"有效性"（effectiveness）、"准确性"（accuracy）和"精确性"（precision）有何关系呢？生态学实验如何在提高生态学实验"有效性""准确性"和"精确性"的基础上，保证生态学实验的"真实性"呢？这些问题成为生态学学者及科学哲学学者必须考虑的问题。

第一节　确立"有效性"以测量真实事物

对于生态学实验，往往是"探索性"的，"真实性"的实验过程和结果通常事先并不知晓，实验者能做的一点就是提高实验的"有效性"。

以生态学测量实验为例，福特认为，测量的"有效性"涉及的问题是："概念被完全描述了吗？测量了正确的事情吗？"具体而言，就是"'测量的概念'应该涵盖但不与'来自研究的概念'或'想象的概念'重叠"。①

①　大卫·福特. 生态学研究的科学方法[M]. 肖显静，林祥磊，译. 北京：中国环境科学出版社，2012：56.

所谓"测量的概念"，指的是"用于检验假设的逻辑结果的数据"①。"最为重要的是，不要预设测量准确表征了被设计的概念。测量在"有效性""准确性"和"精确性"上可能会有限制，并且多个测量的概念会给出关于同一个'来自研究的概念'和'想象的概念'的信息。"②

所谓"来自研究的概念"，指的是"我们在对理论中确定性更大的部分，即原理的描述中所用的思想"③。"所有的研究方案都使用来自研究的某些概念，它们不是建立在其他科学家已经完成的概念的基础上，就是建立在科学家对相同主题进行的先前研究的基础上。"④对此，福特举了一个例子，即要研究"河岸带的粗木质物残体给出了一种可为动物提供栖息地的物理结构"，就要进一步将此统摄性原理（over-arching axiom）⑤具体化为研究性的概念，如图 4-1 所示。

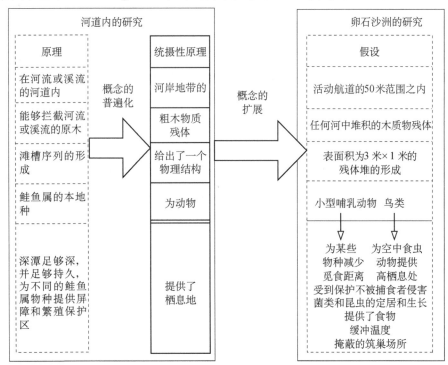

图 4-1　一般假设的两种应用的概念定义的比较

① 大卫·福特. 生态学研究的科学方法[M]. 肖显静，林祥磊，译. 北京：中国环境科学出版社，2012：55.
② 大卫·福特. 生态学研究的科学方法[M]. 肖显静，林祥磊，译. 北京：中国环境科学出版社，2012：52.
③ 大卫·福特. 生态学研究的科学方法[M]. 肖显静，林祥磊，译. 北京：中国环境科学出版社，2012：52.
④ 大卫·福特. 生态学研究的科学方法[M]. 肖显静，林祥磊，译. 北京：中国环境科学出版社，2012：52.
⑤ 统摄性原理是个用作原理的基础命题，陈述了理论的广博、综合、抽象假设，并且不能被单一的探查所直接挑战。

在图 4-1 中，统摄性原理取决于形成原理表中所做的工作，以及其他建立整个理论的相关原理，它预设了粗木质物残体对河岸带动物的重要性。"卵石沙洲的假设"要求供使用的概念要扩展到新的情况，这需要重新定义。其中概念的扩展过程就是：提出研究性的概念——卵石沙洲的研究假设，并最终为统摄性原理提供辩护。

所谓"想象的概念"，"是在形成假设的过程中所用的思想。它们可能会通过对正在接受检验的理论进行逻辑推理，或与其他理论进行比较推理，或通过考虑从前未被考量过的事物而得出"。[1]

例如，你想要形成有关控制物种 A 增长的理论。该物种的增长可以被想象成非常接近于在分类学上与物种 A 近缘的物种 B 的增长模式。由于物种 B 已被很好地研究，并且与其增长模式相关的理论也确立了，因此，研究者就可以将物种 B 的理论推广到物种 A。不过，这时必须做出如下的假定：分类学标准界定的两个近缘种，能被用来预测彼此的增长控制过程。如果你想把物种 B 的增长控制理论用于物种 A 的研究，则对物种 A 的研究来说，物种 B 的增长控制理论中的概念就是来自"研究的概念"；如果你想通过物种 A 重复已经在物种 B 上做过的调查，来检验物种 B 的增长控制理论的某些方面，则该研究中使用的概念就是"想象的概念"。你会使用其他信息，或许是非编码知识来决定是否要同意物种 B 的理论是适用的，或者是否要重复某些调查。[2]

所谓"'测量的概念'应该涵盖但不与'来自研究的概念'或'想象的概念'重叠"，指的是：被测量的东西不能"部分地表征'来自研究的概念'或'想象的概念'所阐明的东西"[3]，否则就是无效的。

例如，对于植物吸收 CO_2 情况的测量，可以用叶室封闭几个植物叶片，并记录气流通过叶室后 CO_2 浓度的变化。不过，莱韦伦茨（Leverenz）和哈尔格伦（Hällgren）指出，这种技术的应用是存在问题的，因为围封改变了叶片周围的环境，尤其是温度和湿度，由此导致叶室的内部条件与外部条件不同，

---

① 大卫·福特. 生态学研究的科学方法[M]. 肖显静，林祥磊，译. 北京：中国环境科学出版社，2012：54.

② 大卫·福特. 生态学研究的科学方法[M]. 肖显静，林祥磊，译. 北京：中国环境科学出版社，2012：54.

③ 大卫·福特. 生态学研究的科学方法[M]. 肖显静，林祥磊，译. 北京：中国环境科学出版社，2012：54.

使得测量改变了正在度量的东西，研究者无法获得一片树叶在自然条件下对 CO_2 吸收情况的纯粹测量，换句话说，该测量没有对 CO_2 吸收情况给出完全有效的描述，是无效的。[①]

为了解决这一问题，可以选择测量整个冠层。为此，可以尝试使用涡度相关技术[②]，对 CO_2 浓度和垂直风速做一个短期的测量，用以计算白天降至冠层上方的 CO_2 的实际流量。这种方法确实做到了没有改变正在测量的过程，由此保证了相关测量的"有效性"。不过，在此过程中由于仪器的精密性而导致的测量结果的不准确，则是另外一个问题。

再如，中国野生东北虎数量监测方法的运用，也与测量的"有效性"相关。

对老虎的监测方法有：①信息收集网络法，即根据老虎的分布现状，建立监测站，组织专门的监测人员收集老虎的活动信息，如前（后）足掌垫宽、前（后）足长宽、步幅卧迹、尿斑、爪痕、食物残余物、粪便、生境类型和踪迹的新旧程度等信息；②样线法，即一定时间内，组织人力物力，通过对老虎的分布区进行样线调查，以获取老虎的数量，样线专设在老虎有可能留下踪迹的地方，如河流或溪流、河床、踪迹或脊线；③占有法，主要目的是测量真实生境占有，而不是动物数量，即某一生境中是否有老虎；④基于猎物物种多度分布或生物量估算食肉类种群数量法，此时，老虎的种群密度由大中型猎物决定，基于猎物多度和猎物生物量来估算老虎的种群密度和大小等。

张常智等在 2002～2011 年，用信息收集网络法、样线法、猎物多度或生物量和捕食者关系法，对东北虎数量进行监测，得到如下结果：

（1）用"信息收集网络法"研究 2006 年完达山东部地区东北虎的种群现状，结果显示完达山东部地区 2006 年东北虎数量为 6～9 只，有 1 只成年雄虎，2～3 只成年雌虎，2～4 只亚成体虎和 1 只小于 1 岁的幼体虎；

（2）用"猎物多度或生物量和捕食者关系法"得到完达山东部地区 2002 年东北虎的密度为 0.356 只/100 平方千米，该地区能容纳 22～27 只东北虎；

① Leverenz J W，Hällgren J E. Measuring photosynthesis and respiration of foliage[M]//Lassoie J P，Hinckley T M，et al. Techniques and Approaches in Forest Tree Ecophysiology. Boca Raton：CRC Press，1991：303-328.
② 这是基于大气湍流理论和数据统计分析相结合的一种技术，通过快速测定的大气物理量（如温度、湿度、CO_2 浓度等）与垂直风速的协方差来计算湍流通。

（3）用样线法在黑龙江的老爷岭南部和吉林省大龙岭北部面积 1735.99 平方千米的区域内设置样线 64 条，总长 609 千米，没有发现东北虎足迹链。样线调查的结果表明，2011 年 2～3 月该调查区域东北虎的数量为 0 只。①

由上述观测结果可知，用"猎物多度或生物量和捕食者关系法"和"样线法"观测得到的老虎数量偏差较大。这是什么原因造成的呢？

运用"猎物多度或生物量和捕食者关系法"测得的老虎数量，似乎远远大于可能的真实数据。究其原因，主要在于：确定有蹄类特别是大型有蹄类动物绝对密度的调查方法，相当困难。在实际样本调查中，或者在单个样方统计中，由于调查队伍的经验有限，以及初次应用此方法时的经验不足等因素，调查结果难免出现误差；在调查的区域，老虎的数量确实与其捕食的有蹄类动物如鹿、麝、野兔、狼、熊、羚羊、野猪等有关，一般而言，更多数量的老虎，会导致上述动物数量的减少。不过，必须清楚，从现在的情况看，野外考察所得到的"这些有蹄类动物数量的减少"结论，很可能是人类的捕食及相关的活动导致的，而非相应的较多数量的老虎捕食所致。如果不考虑这一点，必然会导致"由猎物可获得性调查出来的老虎数量高于实际的老虎数量"②这一状况。可以说，上述运用"猎物多度或生物量和捕食者关系法"观测东北虎失效的最重要原因，就在于具体的测量过程中，预设的基本概念"老虎是唯一的取食有蹄类的食肉类动物"——"测量的概念"，出现了问题，没有涵盖并且忽视了"研究的概念"——"其他动物及人类对蹄类动物的数量的影响"，从而导致了错误的测量结果。

对于"样线法"测得的数据为"0"，似乎也不可靠。造成这种情况的主要原因在于，没有弄清楚样线法运用的条件。其实，样线法起源于俄罗斯，在俄罗斯应用悠久。此方法针对的是特定区域及整个景观中的老虎数量的调查和监测。它基于足迹丰富度、分布和特点，估计东北虎数量时，仅适用于东北虎以某一密度存在的情况（定居虎）。这样，沿着路线行走时，遇见老虎足迹的概率才较高，也才能用单位样线长度老虎足迹密度作为东北虎真实密

① 张常智，张明海，姜广顺. 中国野生东北虎数量监测方法有效性评估[J]. 生态学报，2012，32（9）：5943-5952.

② 张常智，张明海，姜广顺. 中国野生东北虎数量监测方法有效性评估[J]. 生态学报，2012，32（9）：5943-5952.

度的指标。

但是，在中国，对东北虎的生态学了解比较少，而且，更重要的是东北虎的分布密度极低，从而导致在绝大多数样线中不能发现东北虎足迹，在同一样线上发现多个老虎足迹的概率几乎为零。此时，如果不考虑这一点，仍然运用样线法去监测中国的东北虎，会导致其不能涵盖"研究的概念"或"想象的概念"，造成监测结果的无效。①

总之，通过考察生态学实验中"测量的概念""研究的概念""想象的概念"之间的关系，努力保证实验过程中"测量的概念"涵盖但不与来自"研究的概念"或"想象的概念"重叠，是提高生态学实验"有效性"并进而提高其"真实性"的一个有效途径。

第二节　提高"准确性"以降低系统误差

"准确性"的含义是"与事实、标准或真实情况相符合的程度"。在自然科学中，它常常被称作"准确度"，指的是被测量对象的测得值与其参考值的一致程度，故也被称为"测量准确度"（accuracy of measurement）。准确度越高，意味着测量值与参考值越接近；反之，则越疏远。这种远近可由系统误差表示，即：测量的"准确性"的高或低，指的是其系统误差的较小或较大，事实上是所得到的测量数据的平均值偏离参考值的较少或较多。

福特对生态学中的测量"准确性"进行了探讨。他认为，"准确性"指的是被测对象能被很好地不带偏差地测量。②当然，鉴于生态学测量对象和背景的复杂性，生态学实验的测量往往是不准确的。在福特看来，所谓不准确，"通常是由于测量和取样系统的技术性困难可能导致的偏差"。③

---

① Hayward G D，Miquelle D G，Smirnov E N，et al. Monitoring amur tiger populations：Characteristics of track surveys in snow[J]. Wildlife Society Bulletin，2002，30（4）：1150-1159.
② 大卫·福特. 生态学研究的科学方法[M]. 肖显静，林祥磊，译. 北京：中国环境科学出版社，2012：56.
③ 大卫·福特. 生态学研究的科学方法[M]. 肖显静，林祥磊，译. 北京：中国环境科学出版社，2012：55.

如对于光合速率的野外测量，通常包括：

（1）在一个透明的叶室中将叶片封闭起来，使得叶片能够被照射到；

（2）在叶室中通入一定量的气流；

（3）使用一个红外气体分析仪来测量在气流通过叶室前后 CO_2 浓度的变化；

（4）用 CO_2 浓度的变化乘以气流流速来计算光合速率。

在上述实验中，红外气体分析仪对于 CO_2 浓度测量的"准确性"就是一个关键。

早期的红外气体分析仪不太完善，使用的是实验室标准的交流电，其响应时间很长，总是无法给出稳定的输出。鉴此，不得不将叶室放置在叶片周围数分钟的时间，以确保得到较为准确的测量。不过，在此期间，如果光照强烈的话，叶室，尤其是气体与叶室内的叶片会被加热，从而导致测量不准确。为了抵消这种过度加热，针对叶室发展出了恒温控制冷却系统。

另外，气体流速也很难测量，尤其是小的气流，通常要封闭大量的叶片，以给出较大气流的可测的 CO_2 浓度差异。在测量植物水分状况时也有类似的技术考虑，并且在解释光合作用测量时必须考虑大气湿度。

随着快速响应红外气体分析仪和电子控制的发展，测量的稳定性得到了更好的保障，研究人员能够在野外使用便携式光合测量系统来测量气流通过叶室前后 CO_2 浓度的变化。这样的测量只要将小型叶室放置到叶片上一小段时间，在不需要复杂的温度控制的情况下就可完成。所有这些，都提高了测量的"准确性"。

不过，必须注意，生态学测量实验中的参考值的选取与传统科学实验有所不同。传统科学实验中的参考值，既可以来源于理论预测，也可以来源于已经完成的实验，而不管来源于哪一个，一般都视为准确的，因此，相关实验的准确度一般可以通过计算准确地获得。对于生态学实验，由于其理论往往不具有普遍性，不能涵盖待测样本，因此，根据理论预测不能得到准确的或普遍的参考值，参考值的选取只能依赖于已经完成的测量实验数据的经验统计。不过，由于经验统计出来的相关数据可能（事实上是很可能）存在着"不准确性"，因此，对于某类生态学测量实验，即使研究者拥有这样的经验统计数据，可以凭此获得参考值，并且进一步衡量相应的测量数据的准确度，但是，由此完成的准确度的衡量本身有可能（事实上是很可能）不准确。更何况，在较多情况下，与经验统计数据或参考值相关的实验没有完成，没有相关的参考值可以参考。此时，相应的生态学测量实验的准确度是不能由计算得出的，只能依赖其他方法如空白值[①]试验，确定应该选择什么样的实验条件，以获得准确的结果；或者依赖相关的理论和经验分析，来定性地判断该生态学测量实验数据是否准确，或者在多大程度上准确。

对于空白值试验，从下面的案例可见一斑。

目前在水质分析中，总氮测定采用《碱性过硫酸钾消解紫外分光光度计法》（GB11894—89）。在实际操作中，该方法经常存在空白值偏高现象，影响测定的准确度。有学者从实验用水、过硫酸钾、消解温度和时间、玻璃器皿四个方面对此系统地进行了研究，并提出提高"准确性"的建议。[②]

（1）实验用水

使用去离子水和超纯水的测定结果与使用无氨水基本没有差异，都达到了空白值的要求，因此在实验中如果需要就可以使用这两种实验用水来代替；而新鲜蒸馏水由于没有经过重蒸馏等处理，导致空白值较高，不宜在总氮测定实验中使用。但由于去离子水和超纯水在放置一段时间后会导致电导率上升，使空白值大大增高而达不到实验要求，所以从提高工作效率和质量的角度考虑，可以使用新配制的去离子水，有条件的实验室可以使用新配置的超纯水[③]。

（2）过硫酸钾

第一，关于它的纯度，国产的过硫酸钾基本上很难达到国标规定的空白值要求，因此建议实验时选用进口的过硫酸钾，如果使用国产的过硫酸钾，则必须是分析纯试剂，最好经过重结晶提纯后使用。

第二，关于它的配置方法，过硫酸钾溶解速度慢，常常需要加热溶解，但在 60℃时，过硫酸钾会分解成原子态氧和硫酸氢钾，失去强氧化的效果。因此，当需要加热溶解过硫酸钾时，温度要控制在 60℃以下。另外，应该采

---

① 空白值，就是采用与正式试验相同的器具、试剂和操作分析方法，按照样品分析的操作手续和条件，对一种假定不含待测物质的空白样品进行分析实验，所得到的实验结果。

② 侯建平. 提高总氮测定实验准确性方法研究[J]. 资源节约与环保，2014，（8）：49，51.

③ 原文为"产纯水"，疑有误，应为"超纯水"。

用 A 方法[1]或者采用 B 方法[2]来配置碱性过硫酸钾，这样可以避免氢氧化钠溶解时放热使温度升高引起局部的过硫酸钾失效。

第三，关于它的放置时间，时间过长会影响其氧化能力，碱性过硫酸钾的存放时间最好不要超过 3 天，最多不能超过 7 天，否则它的空白值会大大提高。

（3）消解温度和时间

过硫酸钾会随着温度的升高而逐步分解，但要分解完全，要求温度达到 120℃以上，否则，残余的过硫酸钾会干扰测定结果。在实验中，应保持消解时间 30 分钟以上，以确保过硫酸钾完全分解。如果所需测定的试样成分比较复杂，含有某些难氧化的物质，则为保证消解完全，需适当延长消解时间至 60 分钟。

（4）玻璃器皿

试验用玻璃器皿的洁净程度对空白值有一定影响，这是由于消解过程中玻璃壁上难以清洗的有机物及其他物质混入介质中而使空白值偏大。使用酸液浸泡过的玻璃器皿，其空白值明显低于普通清洗的玻璃器皿的空白值，因此用酸液浸泡玻璃器皿是降低空白值的重要手段。

第三节　增加"精确性"以实现其与"真实性"双赢

生态学实验的"真实性"与其"可靠性"紧密关联。一般而言，"可靠性"越大，其"真实性"越大。而"可靠性"与实验测量的"精确性"紧密相关。由此，增加"精确性"以保证"可靠性"和"真实性"，就是生态学实验的重要目标了。

一、增加生态学实验的"精确性"以保证"可靠性"

"精确性"的含义是"非常正确，精密而准确"。在大多数自然科学的应用中，"precision"被译为"精密度"，表示的是：在相同条件下，对被测量对象

---

① A 方法，指的是：分别称取过硫酸钾和氢氧化钠，直接混合，再加水定容。
② B 方法，指的是：先配置氢氧化钠溶液，待其温度降至室温后再加入过硫酸钾溶液，两者在加水时应缓慢加水，同时搅拌。

进行多次反复测量，所测得值之间的一致（符合）程度。故它也被称为"测量精密度"（precision of measurement）[1]。例如，我们使用 1.9 毫克/升的标准溶液进行测定时，甲测得的结果分别是 1.95 毫克/升、1.99 毫克/升和 2.03 毫克/升，乙测得的结果分别为 1.93 毫克/升、1.94 毫克/升和 1.95 毫克/升。那么，我们便说乙的测量的"精确性"高。"精确性"所反映的是测得值的随机误差，"精确性"高意味着偶然误差比较小，此时测量数据相对比较集中，否则，测量数据分散分布，差异很大。随着生态学的发展，生态学实验开始采用统计学方法来评估测量结果的"精确性"程度，其中最常用到的指标有算术平均差、极差、标准差或方差等。

一般来说，测量的"精确性"可以表示测量的"可靠性"。因为"精确性"越高，表示相应的测量差异性越小，由条件差异和随机性差异引起的测量值的变动越小，所测得的值越稳定，显著性差异就越小，测量结果就越可靠，并越能被人们接受。

例如，在古生态学的研究中，考察不同化石样品中的物种丰度发现，即使这些样品来自相同位置的地平线上的露头或岩心部分，但是，由于实验所获得的样品中的物种的丰度数据基本上不会完全一致，"准确性"较低，因此，对于此类古生态学实验数值，其"可靠性"是值得怀疑的，也是很难被人们接受的。

为了解决上述问题，生态学家对造成这种情况的原因进行了考察。他们猜想，造成这种情况的原因可能是原先的环境梯度、群落结构中断或本地群落摘除变化。本宁顿（Bennington）和卢瑟福（Rutherford）对此加以系统研究，结果有点出人意料：造成这种情况的原因，是抽样误差和斑块在露头化石的分布变异。[2]相应地，改进样品的采集工作，避免抽样误差及减少斑块在露头化石的分布变异，就成为提高这类实验的"准确性"和"可靠性"的关键。

一般而言，"精确性"由各地的平均物种丰度的估计值的置信区间（confidence interval，CI）表示，相比之下更精确的估计有较窄的置信区间。

---

① 赵芹，杨俊志. 测量准确度及相关术语辨析[J]. 测绘科学，2011，36（1）：75-76.

② Bennington J B，Rutherford S D. Precision and reliability in paleocommunity comparisons based on cluster-confidence intervals: How to get more statistical bang for your sampling Buck[J]. Palaios，1999，14（5）：506-515.

而"可靠性"是指重复样品的附加条件产生等效置信区间的可能性。高"可靠性"意味着意外收集的重复样品,让周围异常丰富的物种估计或宽或窄的置信区间在一个地方的概率很低。

仍然以上述案例为例加以说明。根据上述定义,在样品的采集工作中,采集的样品数量越多、样品越大,"精确性"和"可信性"应该越好。但是,在这样做时必须考虑到现实可行性。在实际的采样过程中,研究者需要从野外实地基质中识别并除去无用的化石,并且还要进行计数。有时,这一工作需要耗费大量的人力、物力、财力和时间,难以承受。为了解决这一难题,研究者往往会从露头提取岩石大样,进行简单处理,并将经过简单处理的样品带回实验室进行研究。在露头收集,可以以较少的额外费用获得更多的重复样品;在一个地方提取样品,是基于一个地方有意义的度量标识出来的计数试样的总数,它使得研究者不必拘泥于那些差别不大的样本是否来自一个大样本或多个小样本。这样做的目的就是,尽可能少地进行采集工作并且尽可能多地获得相关信息。这也贯彻了以下生态学实验的原则:"精确性"和"可靠性"是由样本大小和抽样数量决定的,因此需要生态学家们设计抽样方案时,最大限度地提高实验的"精确性"和物种丰度估计的"可靠性"。

对于上述案例研究,本宁顿和卢瑟福改进了取样工作:一是增加取样工作,收集更多的样本;二是仍然增加取样工作,收集较大样本;三是恒定采样工作,收集更多但较小的样本。然后,他们进一步采用计算机模拟的方式,从两个均匀片状的物种丰度分布的随机和重复产生的样本入手,通过编程计算以重复执行各种采样协议,来检验不同级别的取样工作,以及不同数量的重复样品所得出的集群置信区间行为,从而最终评价并且改进取样工作。这样就可获得较高的"精确性"和"可信性"。[1]

(1)增加取样工作,收集更多的样本

通过在同一个地方收集更多的重复样品,来提高"精确性"和"可靠性"(图 4-2)。尽管采用类似的斑片状均匀分布的样品,但是,由于在化石组合的斑片状分布中有更多的变异,因此,对于一个给定的采样工作水平,集群置信区间用于均匀分布还是较少。

---

[1] Bennington J B, Rutherford S D. Precision and reliability in paleocommunity comparisons based on cluster-confidence intervals: How to get more statistical bang for your sampling buck[J]. Palaios, 1999, 14 (5): 506-515.

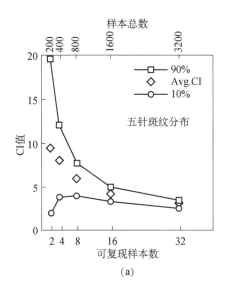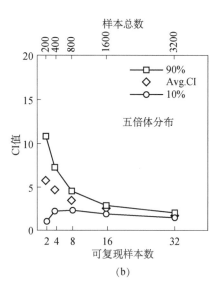

图 4-2 1000 个采样模拟表示平均 CI 值和取样增加时获得 CI 值的范围中的效果[①]

（2）增加取样工作，收集较大样本

收集相同数量但越来越大的重复样本的"精确性"和"可靠性"的影响因素，主要集中在显著不同的样品斑片状分布和均匀分布上（图 4-3）。对于均匀分布，"精确性"和"可靠性"随样本量的增加而增加。"精确性"的增加是完全相等的，在模拟中看到的增加，就像是采样工作中的增加，分布在附加的样品中。然而，增加的采样工作主要集中在采集数量相同的较大的重复样本上，这会导致"可靠性"的损失[比较图 4-2（b）与图 4-3（b）]。对于斑片状分布，收集相同数量的越来越大的样品导致"精确性"的增加较小，并且在更大的样本大小中，"精确性"的增加逐渐趋于平缓。"可靠性"在更大的样本大小中[图 4-3（a）]没有显著增加，其中，即使在最大的样本大小中"可靠性"仍然持续低下。

（3）恒定采样工作，收集更多但较小的样本

在收集更多但较小的样本时，"精确性"在斑片状分布中有适度的增加，但在均匀分布中却略有下降（图 4-4）。对于这两种类型的分布，在增加样本数的同时保持相同的整体抽样工作可以增加在更大的样本数条件下的"可靠性"。

---

① Bennington J B，Rutherford S D. Precision and reliability in paleocommunity comparisons based on cluster-confidence intervals：How to get more statistical bang for your sampling buck[J]. Palaios，1999，14（5）：506-515.

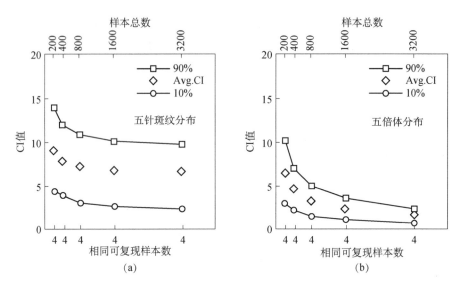

图 4-3 相同数量下，增加样本大小所得到的采样模拟的结果[①]

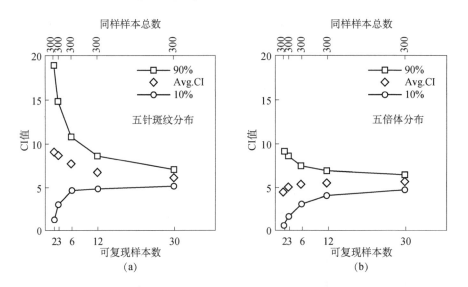

图 4-4 重复样本的数量增加，但总的采样工作保持不变时采用模拟的结果[②]

① Bennington J B，Rutherford S D. Precision and reliability in paleocommunity comparisons based on cluster-confidence intervals: How to get more statistical bang for your sampling buck[J]. Palaios，1999，14（5）：506-515.

② Bennington J B，Rutherford S D. Precision and reliability in paleocommunity comparisons based on cluster-confidence intervals: How to get more statistical bang for your sampling buck[J]. Palaios，1999，14（5）：506-515.

通过以上 3 种模拟情形，最终清晰地得到结论：对一个片状分布的样本收集增多，而不增加样本数量，是无助于提高置信区间的"精确性"或"可靠性"的。其他采样工作应该永远向着收集更多而不是较大的样品改进。直观来看，收集更多的数据会提高统计估计的"可靠性"。例如，从露头随机选择各样品，那么所有重复样品的汇总，将是横跨露头整体物种丰度分布的真正的随机样本，并且研究者可以使用二项式来计算置信区间分布。这当然很好，但是，收集这样一个真实的随机样本在该领域通常是不切实际的，原因不仅在于小尺寸和许多化石有限的暴露表面，而且还在于需要收集数百个单独选定的样本。这样一来，此类实验就只好遵从有限目标，在一个适合的范围内以恰当的方式进行采样。获得有限且合适的"精确性"和"可靠性"，就成了此类实验的关键。

对于"精确性"，在生态学实验中，随机误差或偶然误差几乎无法避免。研究人员可以做的是要保证合理的、最低水平的取样工作。而要做到这一点，研究人员就要增加野外和实验室工作的时间、相关取样区域、取样数量和相关项目的预算。而且，在这样做时，还要经常采取重复抽样的方式，并且这种重复抽样越多越好。因为，这可以在一定程度上保证较高的实验"精确性"，让实验结果在统计意义上更具有说服力，也有助于提高普遍性。

二、选择适当的实验类型，实现"精确性"与"逼真性"的双赢

这里以生物共生假说的检验加以说明。对于物种之间的共生群丛在生态学和分类学上是普遍存在的，并且在生态和进化的形成过程中常常起着关键作用。然而，通过操作并控制共生物种或者它们的栖息地，或者直接观察它们的早期进化，去获得相关的认识，是不可能的。因此，关于共生的形成、留存、进化的许多假说，在没有人工系统的帮助下，都不可能被完全检验。

为了完全检验这些假说，生态学研究者建构了数学模型（mathematical models）、数字有机体（digital organisms）、人工生命系统（artificial living systems）等人工系统。对于这些系统，具有什么特征呢？它们的复杂性、可控性及对未受干扰的自然系统的反映——"真实性"如何呢？莫梅尼（Momeni）等在图 4-5 中一般性地展现了这种关系。

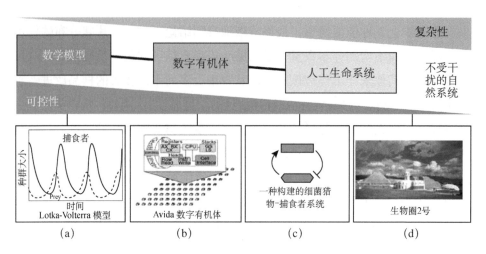

图 4-5　研究共生的人工系统，说明了在系统可控性与复杂性之间的权衡①

其中的插图显示了可控性的不同尺度：（a）洛特卡-沃尔泰拉（Lotka-Volterra）数学模型，研究捕食者-猎物系统的动态；（b）Avida 数字有机体，研究进化；（c）构建的细菌系统，研究捕食者-猎物相互作用；（d）生物圈 2 号项目，研究地球生物圈的综合生态系统②

　　根据上图，普遍地，从数学模型—数字有机体—人工生命系统—不受干扰的自然系统，其"复杂性"越来越高，"可控性"越来越低，"真实性"越来越高。数学模型和数字有机体倾向于抽象出生命系统最基本的和一般的方面，反映的是支配生态学的和进化的动力学抽象法则，其可控性最强，"精确性"最高，但是，它们不能彻底地对生物性质和进化变化进行取样，其复杂性最低，"真实性"最低，其高的"精确性"是以低的"真实性"为代价的。人工生命系统是由一系列小的生命有机体组成的系统，也叫"微宇宙"，它保持了自然系统中生命实体丰富的行为特征和进化趋势，但是，又降低了自然系统中大量相互作用的物种的网络复杂性及物种间的关联度，因此，其"控制性"较高，"精确性"较高，复杂性较高，"真实性"较高。不受干扰的自

---

① Momeni B，Chen C C，Hillesland K L，et al. Using artificial systems to explore the ecology and evolution of symbioses[J]. Cellular and Molecular Life Sciences，2011，68（8）：1354.

② 根据文献①，（a）（b）（c）（d）的主要内涵分别参见下列文献：Murray J D. Mathematical Biology I：An Introduction（Interdisciplinary Applied Mathematics）[M]，3rd edn. Berlin，Heidelberg，New York：Springer，2007；Ofria C，Wilke C. Avida：A software platform for research in computational evolutionary biology[J]. Artif Life，2004，10：191-229；Balagadde F K，Song H，Ozaki J，et al. A synthetic escherichia coli predator–prey ecosystem[J]. Mol Syst Biol，2008，4：187；Walter A，Lambrecht S C. Biosphere 2 Center as a unique tool for environmental studies[J]. J Environ Monit，2004，6：267-277.

然系统,"控制性"最差,"精确性"最差,"复杂性"最高,"真实性"最高,其高的"真实性"是以差的"精确性"为代价的。与数学模型及数字有机体这样的数学系统相比,人工生命系统以较差的"精确性"换取了较高的"真实性"。但是,与不受干扰的自然系统相比,人工生命系统又以较高的"精确性"换取了较低的"真实性"。因此,"人工生命系统起到了中间体的作用,填补了抽象的数学模型和不受干扰的自然系统之间的空隙。"[1]出于生态学实验"精确性"与"真实性"之间的双赢或平衡,应该选择人工生命系统进行实验。

正是在上述认识的基础上,莫梅尼等通过实验室环境下的人工系统探索生物共生。他们认为,生命的网络是由物种之间多样性的共生编织的,共生包括对抗性的相互作用(如竞争)到互利的相互作用(如共栖),共生的起源和留存基础如何?什么影响了共生的生态和进化?共生体的伙伴如何进化和共同进化?这些问题通过自然系统很难回答,但是通过人工系统可以回答,因为人工系统具有降低的复杂性和可控性,非常有助于理解自然系统,可以作为自然系统有用的模型。他们描述了所形成的人工共生的多样序列,包括自动机器的(robotic)、数字的(digital)、经过遗传工程处理的(genetically engineered)生物,以及在实验室环境下所具有的更自然的相互作用(more natural interactions)。这些人工系统用来研究各种共生及推进更密切的共生群集的环境条件下的生态学和进化。人工共生的研究证实了理论的预言——对抗性的相互作用既能够增进物种的多样化,也能够增进进化的速率。在几个不同的人工共生系统中的空间栖息地和迁移格局的操纵表明,空间的异质性允许多样性的产生和保持,并且强化了有代价的协作的稳定性。这些结果可以解释共生关系是如何形成的,以及为什么某些物种形成紧密的物理群丛(physical associations)。而且,一旦形成了,共生的相互作用产生出生态格局。人工系统中的定量研究有望揭示这些。[2]

上面的案例表明,减少复杂性,增加"控制性",人工生命系统能够作为

---

[1] Momeni B,Chen C C,Hillesland K L,et al. Using artificial systems to explore the ecology and evolution of symbioses[J]. Cellular and Molecular Life Sciences,2011,68(8):1355.

[2] Momeni B,Chen C C,Hillesland K L,et al. Using artificial systems to explore the ecology and evolution of symbioses[J]. Cellular and Molecular Life Sciences,2011,68(8):1353-1368.

自然系统的有用模型发挥作用。随着更多的人工共生系统的形成，以及它们被用来检验一系列关于物种相互作用的假说，去辨别普遍的、分类学上影响各种各样的共生的生态学的和进化的原则，是可能的。从抽象的人工系统到鲜活的人工系统，已经被构建以便把握自然共生作用的本质特征，并且回答某些关键的问题。

　　总之，生态学实验是复杂的，生态学实验的"真实性"与实验的类型及其选择，与实验的"有效性""准确性""精确性"紧密相关。一般而言，生态学实验的"真实性""有效性""准确性"是对应的，提高生态学实验的"有效性"和"准确性"会提高实验的"真实性"，但是，提高生态学实验的"精确性"不一定会提高其"真实性"，因为，"准确性"与"可靠性"相对应，"准确性"越高，"可靠性"肯定越高，但其"真实性"不一定越高。鉴此，选择合适的实验类型，以获得"精确性"与"真实性"的双赢，就非常重要了。一般而言，选择人工生命系统（微宇宙）能够达到这一点。不过，在具体的生态学研究实践中，究竟是采用数学模型、数字有机体，还是采用人工生命系统，甚至采用不受干扰的自然系统进行实验，要视具体情况而定。

传统的科学实验通常是在实验室中进行的，实验者能够控制实验过程中所涉及的因素或必需的条件，并且排除干扰，从而使得实验的"可重复"较强甚至很强。但是，在生态学实验中，绝大多数是野外实验，在野外进行，各种环境因素如温度、光周期、培养基、样本的性别和年龄等，变异性较大或非常之大，难以较好地控制环境或实验条件①，由此导致实验的"可重复"较差。对于生态学野外实验，其"可重复"差的原因如何呢？应该采取什么样的相应措施加以克服呢？应该如何有策略地应用生态学实验的"可重复原则"呢？本章对这些问题加以阐释。

第一节　科学实验"可重复"的三种内涵及其作用

　　在传统科学那里，科学实验的"可重复"是一个基本要求。只有得到"可重复"的科学实验，其"可靠性"才能得到保证，也才能被科学共同体承认。因此，科学家对实验的"可重复"非常重视，作了深入、广泛的

---

① Polis G A，Wise D H，Hurd S D，et al. The interplay between natural history and field experimentation [M]//Resetarits W J，Bernardo J，et al. Experimental Ecology: Issues and Perspectives. Oxford: Oxford University Press，1998：254-280.

研究。笔者查询国外科学文献，尤其是生态学科学文献，发现其中对于科学实验的"可重复"，更多地用的是"repeatability""reproducibility"及"replicability"这三个单词。再进一步考察国外学者对这三个单词的使用情况，他们常常对此并未加以明确区分，而是交叉使用，如此，就不自觉地忽视甚至抹杀了上述三个单词在表示科学实验"可重复"含义上的差别。反观国内，我国很少有学者知道国外这三个单词，更别说对其加以区分了，往往统一以"可重复"称呼它们，如此，就基本上甚至根本上没有意识到科学实验"可重复"还存在不同的类型。这种状况对于科学实验研究是很不利的。这三个单词究竟有什么样的含义呢？用来表示科学实验的"可重复"时，究竟有什么样的内涵和区别呢？这种内涵和区别对于科学研究有什么样的意义呢？应该并且值得探讨。

一、科学实验"repeatability"的内涵及作用

"repeatability"是"repeatable"的名词形式。在词根词源字典（http://www.etymon.cn/origins）搜索"repeatability"，未见解释，但是，该词典对于"repeat"作了比较详尽的历史追溯。大意如下：作为名词，15 世纪中叶，源于音乐的段落，1937 年在广播中出现；作为动词，14 世纪晚期，意为"说别人已经说过的（话）"，源自法语"repeater"，意为"再做一次或再说一次，返回（原地），要求返回"，来自拉丁语"repeto"（repetere），"再做一次或再说一次，再次攻击"，re-"再次"+petere"转到，定位，奋斗，争取，请求，要求，哀求，恳求，乞求。"16 世纪 90 年代开始，意为"说别人已经说过的（话）"。1938 年"repeat"在收音机广播中成为一个强有力的词语。从 16 世纪 50 年代开始，意为"再做一次"。从 1945 年开始有了特定的含义是"再上一次教育课"。[①]

考察国外某些相关网上英语词典，得到"repeatable"或"repeat"的解释，见表 5-1。

---

① repeat，http://www.etymon.cn/origins/r/37139.html[2018-02-08].

表 5-1 "repeatable"或"repeat"国外网上词典释义

国外网上词典网址	repeatable 或 repeat 释义
Oxford https://en.oxforddictionaries.com/definiti-on/repeatable	Repeatable： Able to be done again 'repeatable experiments under laboratory conditions' 'an easily repeatable routine'
Cambridge https://dictionary.cambridge.org/dictionary/english/repeatable?fallbackFrom=english-chinese-simplified&q=Repeatable	Repeatable： something that is repeatable can be done again. Eg：The technique is harmless，rapid，and easily repeatable
Collins https://www.collinsdictionary.com/dictionary/english/repeat	Repeat： 1.（when tr，may take a clause as object）to say or write（something）again, either once or several times； restate or reiterate 2. to do or experience （something）again once or several times 3. to occur more than once 4. to reproduce（the words，sounds，etc）uttered by someone else； echo 5. to utter（a poem，speech，etc）from memory； recite ……
Merriam-webster https://www.merriam-webster.com/dictionary/repeat	Repeat： 1a：to say or state again b：to say over from memory c：to say after another 2a：to make，do，or perform again repeat an experiment b：to make appear again c：to go through or experience again
Dictionary web http://www.dictionary.com/browse/repeat?s=t	Repeat： to say or utter again（something already said）； to do，make，or perform again
Vocabulary web https://www.vocabulary.com/dictionary/Repeatable	Repeatable： able or fit to be repeated or quoted "what he said was not repeatable in polite company"

从上述各网络词典关于"repeatable"or"repeat"的含义，重点放在行动（action）的"可重复"上。这点得到《韦氏新世界罗热同义词词典》之相关同义词支持。在此词典上，虽然没有详细列出"repeatability"的同义词，但是列出了"repeat"的三个同义词组：[①]

---

① Agnes M. 韦氏新世界罗热同义词词典[M]. 沈阳：辽宁教育出版社，2001：663.

（1）to do again：redo, remake, do over, play over, rehash, reciprocate, return, rework, reform, refashion, recast, duplicate, reduplicate, reproduce, replicate, renew, reconstruct, re-erect, revert, hold over, go over again and again；

（2）to happen again：reoccur, recur, revolve, reappear, occur again, come again, return, crop up again；

（3）to say again：reiterate, iterate, restate, recapitulate, reissue, republish, reutter, echo, recite, reecho, parrot, regurgitate, rehearse, retell, rehash, go over, play back, read back, quote, copy, imitate, perseverate, harp on, drum into, come again。

概括这三个词组，就是"再次做""再次发生"及"再次说"之意，都是强调行动的重复。参照此，"repeatability"也应该是强调行动的"可重复"或"可重复性"。

这样的一种含义也得到其他词典的佐证。在《英语同义词近义词反义词词典》中，对"repeat"作了中文释义，即：再说、再做、背诵、复述、引述、反复、重复，并且列举了它的同义词 iterate, make again, reiterate, do again, recapitulate, rehearse, echo, renew, reproduce, 以及它的近义词 recite。[1]在《英语同义词、近义词词典》中，列出的"repeat"同义词有：retell, recite, reiterate, restate, reword, do over, rework, repetition, reiteration, rebroadcast, reacting。[2]

为了进一步弄清"repeatability"的内涵，笔者进一步查阅维基百科，发现有关于它的解释："repeatability"或者重测的信度（test-retest reliability）表示的是同样的人（a single person），在同样的项目中，运用同样的仪器，在同样的条件下和短的时间内，所进行的测量的差异（variation）。这样的差异可以由对象自身的差异以及观察者自身的差异（intra-individual variability and intra-observer variability）造成。当差异比预先决定的已被接受的标准更小时，此时的测量就被说成"repeatable"。[3]

上述界定得到《美国国家标准与技术研究院关于测量结果不确定性评价与表示指南》（Guidelines for Evaluating and Expressing the Uncertainty of NIST

① 贺小东. 英语同义词近义词反义词词典[M]. 北京：商务印书馆，2006：809.
② 天合教育英语考试研究中心. 英语同义词、近义词词典[M]. 北京：外文出版社，2014：234.
③ repeatability, https://en.wikipedia.org/wiki/Repeatability[2018-02-08].

Measurement Results）的支持。该研究院所制定的测量"repeatability"成立的条件是：同样的观察者，为着同样的目标，在同样的条件下，使用同样的测量仪器，同样的实验工具，在同样的场所，很短的时间内重复（repetition over a short period of time）。[1]

"repeatability"上述界定在一些科学家乃至生态学家的具体应用中得到体现。克劳韦林（Kraufvelin）认为："'repeatability'这个词用于描述独立系统中响应的相似性。这些系统，利用了相同的科学方法和科学仪器设备，在不同的时间，进行了研究，能够得到相同的结果。"[2]凯西（Cassey）和布莱克本（Blackburn）把"repeatability"与生态学实验的过程和方法关联起来，用来表示"方法和分析的'repeatability'"。[3]斯莱扎克（Slezák）和乌兹列克乌（Waczulíková）认为："'repeatability'，表示的是在同样的背景条件下，运用同样的方法作用于同样的对象（多个对象或单个对象，或者检验材料），所获得的独立结果之间的一致性。或者，实验者在测量同一个项目所获得的结果的变化性，由精确性度量。"[4]

根据上面的分析，"repeatability"的基本含义是，同一个实验者或不同实验者，在相同的实验条件下，进行同一个实验的"repeatable"，所得到的实验过程和实验结果的一致性，而且根据实验数值间的差异是否在相应的标准或者可允许的范围内，就可以进一步得到该重复实验的相应的可信度（"可靠性"）。这就是科学实验的"精确性"（precision），其大小可以用来衡量测量的"精确性"，以表示两个已经"repeated"检测结果间的绝对差异之下的数值。一般而言，"repeatability"越高，精确度越大，"可靠性"也就越大，实验者自身及他人对自己的实验越认同。试想，一个科学实验，如果都不能被原初实验者及其他实验者"repeat"，则该实验过程及其结果怎么可能被原初实验者

① Taylor B N, Kuyatt C E, Brown R H, et al. The guidelines for evaluating and expressing the uncertainty of NIST（National Institute of Standards and Technology）measurement results[C]. Proc. Fifth Interna. Symp. Numer. Methods Engrg., 1994.

② Kraufvelin P. Baltic hard bottom mesocosms unplugged: Replicability, repeatability and ecological realism examined bynon-parametric multivariate techniques[J]. Journal of Experimental Marine Biology and Ecology, 1999, 240（2）: 230.

③ Cassey P, Blackburn T M. Reproducibility and repeatability in ecology[J]. BioScience, 2006, 56（12）: 958.

④ Slezák P, Waczulíková I. Reproducibility and repeatability[J]. Gait & Posture, 2015, 42（1）: S81-S82.

及其他实验者接受,又怎么可能被其他科学家乃至科学共同体接受?科学实验的"repeatability"是某项实验成立以及被其他科学家乃至科学共同体接受的最起初、最基础、最基本的考量要素。

二、科学实验"reproducibility"的内涵及作用

在《词根词源字典》搜索"reproducibility",未见更多解释,进而搜索"reproduce",得到下面解释:动词,17世纪初,"再生产",re-"再次"+生产,可能是源于法语reproduire(16世纪),1850年第一次被记录为"制作一个副本"的意思,1894年有了"繁育后代"的意义。

考察某些国外相关网上词典,虽然不能完全得到"reproducibility"的含义,但是,可以得到"reproducible"或"reproduce"的释义,见表5-2。

表 5-2 reproducible 或 reproduce 国外网上词典释义

国外网上词典网址	reproducible 或 reproduce 释义
Oxford https://en.oxforddictionaries.com/definition/reproducible	reproducible: Able to be reproduced or copied. 'the logo should be easily reproducible' 'reproducible laboratory experiments' Reproduce: Produce a copy of. 'his works are reproduced on postcards and posters'
Cambridge https://dictionary.cambridge.org/dictionary/english/reproducible?fallbackFrom=english-chinese-simplified	reproducible: able to be shown, done, or made again: The method produces statistically reliable and reproducible results. Reproduce: to produce a copy of something, or to be copied in a production process: His work was reproduced on leaflets and magazines. They said the printing was too faint to reproduce well. [T] to show or do something again
Collins https://www.collinsdictionary.com/dictionary/english/reproduce	reproduce: 1. [VERB noun] If you try to reproduce something, you try to copy it. I shall not try to reproduce the policemen's English. [VERB noun] The effect has proved hard to reproduce.[VERB noun] 2. verb If you reproduce a picture, speech, or a piece of writing, you make a photograph or printed copy of it. We are grateful to you for permission to reproduce this article. [VERB noun] Synonyms: print, copy, duplicate, photocopy More Synonyms of reproduce 3. verb If you reproduce an action or an achievement, you repeat it

续表

国外网上词典网址	reproducible 或 reproduce 释义
Merriam-webster https://www.merriam-webster.com/dictionary/reproduce	produce again： a：to produce（new individuals of the same kind）by a sexual or asexual process b：to cause to exist again or anew reproduce water from steam c：to imitate closely——sound-effects can reproduce the sound of thunder d：to present again e：to make a representation（such as an image or copy）of reproduce a face on canvas
Dictionary web http://www.dictionary.com/browse/reproduce?s=t	reproduce： to make a copy，representation，duplicate，or close imitation of
Vocabulary web https://www.vocabulary.com/dictionary/reproduce	reproduce： make a copy or equivalent of recreate a sound，image，idea，mood，atmosphere，etc

从上述各网络词典关于"reproducible"及"reproduce"含义，重点放在"再生"和"拷贝"上。这样的含义得到《韦氏新世界罗热同义词词典》之同义词组的支持。在此词典上，虽然没有详细列出"reproducibility"的同义词，但是列出了"reproduce"的三个同义词组：

（1）to make an exact copy（精确复制）：copy，photocopy，photograph，Photostat，xerograph，Xerox（trademark），print，run off，mimeograph，multigraph，type，reprint，duplicate，clone，record，portray，transcribe，electrotype，reimpress，restamp.

（2）to make a second time（再做一次）：repeat，duplicate，replicate，recreate，recount，revive，reenact，redo，reawaken，relive，remake，reflect，follow，mirror，echo，reecho，represent.

（3）to multiply（繁殖、增殖）：procreate，engender，breed，generate，propagate，fecundate，hatch，father，beget，impregnate，progenate，sire，repopulate，multiply，proliferate，give birth，spawn. [①]

由此，"reproduce"的主要含义是"精确复制""再做一次""再生"。

在《英语同义词近义词反义词词典》中，对"reproduce"作了中文释义，即：生殖、繁殖、复制、复写，并且列举了它的同义词：generate，multiply，

---

① Agnes M. 韦氏新世界罗热同义词词典[M]. 沈阳：辽宁教育出版社，2001：665.

propagate，copy，represent；也列出了它的近义词：procreate，duplicate。[①]

在《英语同义词、近义词词典》中，列出的"reproduce"同义词有：regenerate，copy，print off，procreate。[②]

查阅维基百科，有关"reproducibility"的解释：基于原始数据和计算机程序，得到同样的研究结论和推论的能力。[③]如此，"reproducibility"应该是与实验结果的"可重复"相对应。这点得到一些科学家乃至生态学家的支持。凯西和布莱克本就把实验方法和分析的"可重复"赋予"repeatability"，把实验结果的"可重复"赋予"reproducibility"。[④]斯莱扎克和乌兹列克乌就说："在特定的情况下，'reproducibility'可以定义为那一观察者的行为的不同所引起的测量系统的变异性。在数学上，它表示的是由几个观察者在测量同一个项目（观察者之间的可变性）时，所获得的平均值的可变性。"[⑤]德拉蒙德（Drummond）认为，即使相同实验的重复也是有差别的，与第一次实验的差别越大，第二次实验的威力就越大，鉴此，应该提倡科学实验的"reproducibility"。[⑥]

根据上述分析，科学实验的"reproducibility"应该与实验结果的"可重复"或"可重复性"相对应。科学实验的"reproducibility"分为两种：一种是按照同于原初实验过程、方法和分析进行重复实验，所获得实验结果间的差异性；另一种是相同或不同的实验者，或者在不同的实验室环境下，或者负荷不同的理论，或者运用不同的实验仪器，或者进行不同的实验操作，等等，获得的实验结果与原初实验结果之间的差异性。在上述两种情况下，如果这样的预定差异在已被接受的标准范围内，此时，该项实验就是"reproducible"。

从上面"reproducibility"的界定可以看出，它强调的是结果、p值、置信区间、图形和表格的"可重复"或"可重复性"，而非实验过程和分析等细节性的方面。它虽然包括同一个实验者实施不同的实验以获得结果的一致，但

① 贺小东. 英语同义词近义词反义词词典[M]. 北京：商务印书馆，2006：812.
② 天合教育英语考试研究中心. 英语同义词、近义词词典[M]. 北京：外文出版社，2014：234.
③ reproducibility，https：//en.wikipedia.org/wiki/Reproducibility[2018-02-08].
④ Cassey P，Blackburn T M. Reproducibility and repeatability in ecology[J]. BioScience，2006，56（12）：958.
⑤ Slezák P，Waczulíková I. Reproducibility and repeatability[J]. Physiological Research，2011，60：203.
⑥ Drummond C. Replicability is not reproducibility：Nor is it good science[C]//Proc. of the Evaluation Methods for Machine Learning Workshop at the 26 th ICML. Montreal：National Research Council of Canada，2009.

是，更多的应该是指向不同的实验者在不同的实验室所进行的同一实验的"重复"，或者是指向不同的实验者在不同的实验室使用不同的仪器，进行不同的操作等所获得实验结果之间的一致性。由此，它能够衡量自己及他人利用相同或不同的实验过程、方法和分析重复原初实验结果的能力。据此，实验结果的"可信性"得到检验和保证。

科学实验"reproducibility"的作用是重大的。

第一，一个科学实验被实验者自身进行同一实验的重复，只是表明该实验在原初实验的实验者那里获得了信度，但是，要想被科学共同体承认，还必须由其他实验者或者在原初实验者所在的实验室，或者在自己的实验室，对原初实验进行重复，如果获得了"reproducibility"，则表明该实验结果是"reproducible"，就被科学共同体承认；否则，则不被科学共同体接受。由此来看，一个实验被他人重复，是该实验得到科学共同体承认的必要条件。韩春雨的"Guided DNA"基因编辑法"可重复危机"（reproducibility crisis）和最终撤稿，就充分地说明了这一点。

第二，"reproducibility"还表示同一个实验者或不同的实验者，实施不同于原初实验的实验，并且获得了"可重复的"实验结果。这种从不同的实验所获得的结果的"重复"（reproduce），要比从同一实验的"重复"（repeat）中得到对某一假设更多的证实。①如对于阿伏加德罗常数的测定，可以根据不同的理论，采取不同的测定方法，如气体运动论法、布朗运动法、电子电荷法、黑体辐射法、α粒子计数法、平差法、单分子膜层法、X晶体密度法和电解法等，来加以测定。如果从这许多不同的实验都能够得到"可重复的"实验结果——6.02×10^{23} 个/摩尔，则表明这样的实验结果以及实验是可靠的、真实的，因为，在负荷不同的理论，运用不同的实验仪器，进行不同的实验操作的情况下，得到"reproducibility"的实验结果的概率，是不大的。

相反地，如果通过这样的"reproducibility"实验设置，得到的是"不可重复的"（irreproducible）实验结果，并不意味着此时就比原初实验的"不可重复"更多地证伪了该原初实验。因为，原初实验者可以说，只有那些应用与

---

① Franklin A，Howson C. Why do scientist prefer to vary their experiments?[J]. Studies in History and Philosophy of Science Part A，1984，15（1）：51-62.

原初实验相同的实验室环境、实验仪器、实验操作等进行的原初实验的重复之结果"不可重复",才能够有效地证伪原初实验,否则,凭什么应用与原初实验不同的实验来证伪原初实验呢?

如对于太阳光谱,牛顿在 17 世纪将其通过棱镜后发现,太阳光谱由 7 种原色光组成。到了 19 世纪 30 年代,牛顿的上述研究结论受到布鲁斯特(Brewster)的挑战。他将一束狭窄的阳光通过黑暗的房间穿过棱镜,光谱在棱镜上出现;然而再将此光谱通过彩色玻璃板,直接进入观察者的眼睛。当他插入一个紫蓝色玻璃板时,发现光谱中全部的橙色和大部分绿色消失了;当他改变吸收材料,可以从光谱中消除靛蓝色和紫色的光。根据这些实验结果,他认为,橙色、绿色、靛蓝色和紫色并不是原色,红色、黄色和蓝色是原色,其他所有的颜色都是由它们按照不同的比例复合而成的。实验如图 5-1 所示。

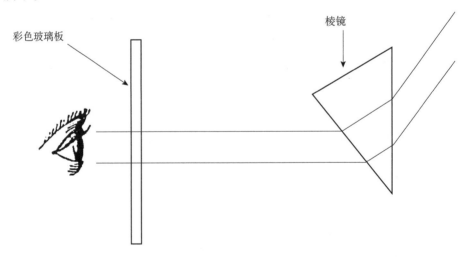

图 5-1　布鲁斯特关于太阳光谱的实验①

此后不久,他的实验结果受到艾里(Airy)的挑战。艾里于 1833 年重复了布鲁斯特的实验,只是,他改变了实验设置:首先将光源发出的光,经过彩色玻璃板,然后再通过棱镜;之后将通过棱镜的光谱通过一个透镜;最后,再用一张纸作为屏幕来接收光谱。他发现这个重复(repetitions)实验的结果是

---

① Chen X. The rule of reproducibility and its applications in experiment appraisal[J]. Synthese,1994,99(1):89.

负面的（否定的），在大多数情况下，没有观察到任何由吸收材料所造成的光谱颜色的改变。实验如图 5-2 所示。

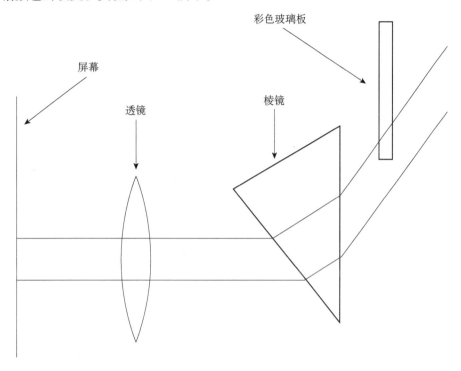

彩色玻璃板

屏幕

透镜

棱镜

图 5-2　艾里的重复实验①

得出上述结果后，艾里出于对自己的实验结果的怀疑，也出于对布鲁斯特这位著名的光学实验家的敬畏，担心学界对自己的实验结果不认同，除了向剑桥哲学学会口头报告外，没有向外界公布他的实验及其结果，放弃了利用"可重复原则"（rule of reproducibility）挑战布鲁斯特的企图。直到 1847 年，随着光的波动学的确立及艾里个人声望的提高，艾里才在《哲学杂志》（*Philosophical Magazine*）上发表了一篇题为"基于大卫·布鲁斯特阁下的实验结果，而对太阳光谱所做的新的分析"的论文，提供了他重复布鲁斯特实验的细节，最后得出结论："颜色的性质没有发生变化"。

艾里的论文引起了布鲁斯特的强烈反响。同年，布鲁斯特在《哲学杂志》上发表了对艾里的回复，认为艾里的重复（repetitions）实验的最大问题是靠

① Chen X. The rule of reproducibility and its applications in experiment appraisal[J]. Synthese，1994，99（1）：90.

个人回忆建立了实验的一切（因为艾里丢失了他的原始实验笔记），而且并没有用相似的设备和材料来重复（repeat）同样的实验。[①]

由上面的论述和案例可见，利用不同的实验方法和分析来对原初实验进行证伪，是有一定的局限性。但是，这种局限不可夸大。因为，如果能够强有力地保证所进行的不同于原初实验之实验的"不可重复"（irreproducibility）"真实性"，则凭什么不能就此证伪原初实验呢？况且，通过一个同于原初实验的重复（repeat）实验，由于各方面都同于原初实验，因此，就更有可能得到与原初实验重复的实验结果，从而也就更不可能证伪原初实验。就此来说，通过一个不同于原初实验的另外的实验设置，更可能去证伪由同于原初实验的"可重复"（repeatable）实验。如在聚合水的案例中，罗斯（Rousseau）和波图（Porto）就用电子微探（eletric micro porbe）法、火花源质谱法（spark soure mass spectroscopy）证明异常水的奇异性质是由异常水中所含杂质（Na^+、K^+、Ca^{2+}、SO_4^{2-}等）引起，而不是由列宾考特（Lippincott）仅根据红外光谱法确定的水的改变了结构的产物——聚合水（H_2O）$_n$引起。[②]因此，列宾考特宣称发现了聚合水是错误的。

通过上面两点，可以看出，一个实验的"reproducible"是重要的。与"repeatability"的实验相比，"reproducibility"的实验能够给予原初实验以更多的证实，以及更加有力的证伪。就此而言，"repeatability"的实验比"reproducibility"的实验更可取。凯西和布莱克本对此给予了总结："与'repeatability'相比，'reproducibility'可能是更可取的，原因是：第一，在拓展或者试图证伪一篇论文的研究结果时，如果能够准确地'replicate'这个结果，则是非常有用的；第二，'reproducibility'被认为是理想选择，因为它可以保护数据不丢失和避免人为错误；第三，'reproducibility'可能还会避免故意的欺骗行为，当然，这也很难保证那些毫无道德原则的人不去这样做，因为他们既然能够编造分析结果，也就很可能会伪造数据。"[③]

---

① Chen X. The rule of reproducibility and its applications in experiment appraisal[J]. Synthese，1994，99（1）：88-95.

② Mekinney W J. Experimenting on and experimenting with：Polywater and experimental realism[J]. The British Journal for the Philosophy of Science，1991，42（3）：295-307.

③ Cassey P，Blackburn T M. Reproducibility and repeatability in ecology[J]. BioScience，2006，56（12）：958.

　　既然科学实验"reproducibility"有如此大的作用,现阶段它的状况如何呢? 2011 年的一项研究发现,65%的医学研究当被重新检验时,是前后不一致的,只有 6%是完全"reproducible"。[1]2012 年,发表在《自然》上的一篇评论 10 年研究的文章指出,聚焦在癌症研究上的 53 篇医学研究论文中的 47 篇是"irreproducible"。"irreproducible"研究有大量的一般性特征,包括研究不是由对实验以及对照了解的调查者实施,缺乏正反馈和负反馈,不能展现所有的数据,不恰当地使用了统计检验和没有经过"有效性"检验的试剂。[2]

　　2016 年,有研究者对 1576 名科学家作了一个简短的关于研究中的"reproducibility"调查,结果显示:"有超过 70%的研究者试验过并且不能重复(reproduce)其他科学家的实验,有超过一半的人不能重复(reproduce)自己所做的实验。"[3]这表明,在科学实验中,是存在严重的"reproducibility"危机的。这点得到被调查者的赞同:"被调查者中有 52%赞同存在严重的'reproducibility'的危机"[4]。不过,令人想不到的是,"大多数人说他们仍然相信已经出版的文献,只有不到 31%的人认为已经出版的不能'reproduction'的结果可能是错误的。"[5]这就是说,有相当一部分人认为,虽然某些实验结果是"irreproducibility",但实验结果仍然是正确的、可信任的。也许正因为这样,"尽管调查的绝大多数研究人员没有成功地进行再现(reproduce)实验,但是,只有不到 20%的受访者表示,别的研究人员曾与他们联系,并告诉它们无法再现(reproduce)他们的实验"。[6]

　　鉴此,应该采取相应的措施加以改善。不过,现状不容乐观。根据"有没有为'reproducibility'建立相应程序和措施"的调查,在 1576 名被调查者中,26%自从他们进入实验室开始工作就建立了,7% 5 年之前就建立了,33% 5 年之前才建立,34%没有建立。[7]如此,建立相应的程序以改善并提高

① Prinz F,Schlange T,Asadullah K. Believe it or not:How much can we rely on published data on potential drug targets?[J]. Nature Reviews Drug Discovery,2011,10(9):712.
② Begley C G. Reproducibility:Six flags for suspect work[J]. Nature,2013,497(7450):433-434.
③ Baker M. Is there a reproducibility crisis?[J]. Nature,2016,533(7604):452.
④ Baker M. Is there a reproducibility crisis?[J]. Nature,2016,533(7604):452.
⑤ Baker M. Is there a reproducibility crisis?[J]. Nature,2016,533(7604):452-454.
⑥ Baker M. Is there a reproducibility crisis?[J]. Nature,2016,533(7604):452.
⑦ Baker M. Is there a reproducibility crisis?[J]. Nature,2016,533(7604):453.

"reproducibility"，是当务之急。

三、科学实验 "replicability" 的内涵及作用

在《词根词源字典》搜索 "replicability"，未见对此解释，但该词典对于 replicate（v.）的词源作了介绍：15 世纪早期，意为 "重复（repeat）"，源自拉丁语 replicatus，是 replico（replicare）的过去式，"回复，重复"，经典拉丁语中意为 "向后折叠，折叠，向后弯曲"，re-"回到，再一次"+plicare "折叠"（源自原始印欧词根 plek-"把…编成"）。自 1882 年开始，意为 "复制，再生，做一个……的复制品"，是 replication 的逆构法。

考察某些国外相关网上词典，虽然不能完全得到 "replicability" 的含义，但是，可以得到 "replicate" 或 "replicable" 的释义，见表 5-3。

表 5-3　replicability 或 replicate 国外网上词典释义

国外网上词典网址	replicability 或 replicate 释义
Oxford https://en.oxforddictionaries.com/definition/replicate https://en.oxforddictionaries.com/definition/replicable	replicate： Make an exact copy of；reproduce. replicable： capable of replication
Cambridge https://dictionary.cambridge.org/dictionary/english-chinese-simplified/replicate?q=Replicate https://dictionary.cambridge.org/dictionary/english/replicable?fallbackFrom=english-chinese-simplified&q=Replicable	replicate： formal to make or do something again in exactly the same way：Researchers tried many times to replicate the original experiment. If organisms and genetic or other structures replicate，they make exact copies of themselves. Replicable： that can be done in exactly the same way as before，or produced again to be exactly the same as before： It is always stressed that scientific results must be replicable in order to be valid
Collins https://www.collinsdictionary.com/dictionary/english/replicable	replicable： able to be replicated
Merriam Webster https://www.merriam-webster.com/dictionary/replicable	replicable： capable of replication replicable experimental results

续表

国外网上词典网址	replicability 或 replicate 释义
Dictionary web http://www.dictionary.com/browse/replicable?s=t	replicable： capable of replication： The scientific experiment must be replicable in all details to be considered valid
Vocabulary web https://www.vocabulary.com/dictionary/replicate	replicate： 1. reproduce or make an exact copy of 　"replicate the cell" 2. make or do or perform again 　"He could never replicate his brilliant performance of the magic trick"

　　查阅《韦氏新世界罗热同义词词典》，发现"replica"的同义词有如下四个：reproduction，copy，likeness，model。[①]

　　在《英语同义词近义词反义词词典》中，未见"replicate"的同义词，不过，对"replica"作了解释：复制品，拷贝；同时也列出了它的同义词：autograph，copy，duplicate，facsimile；以及它的近义词：model，double。据此，"replica"的字面意思就是"a copy"。对于"replication"，该词典给出如下含义：回答，回复，原告对被告进行抗辩，答辩，重复，拷贝，复制；该词典还给出该词的同义词：answer，reply，response，rejoinder，repetition，copy，portrait。[②]

　　根据上述材料，"replicability"的基本含义应该是复制、复写、拷贝。概括这种基本含义在科学上的应用，是"可复制"（可复制性）、"可复写"（可复写性）、"可拷贝"（可拷贝性）。概括这种基本含义在科学上的应用，有以下四方面：一是用来表示实验的"replication"；二是表示"self-replication"，如 DNA-replication 等；三是表示金相学（metallography）的"replication"，即使用薄的塑料片去"duplicate"组成物的微观结构；四是此应用的扩充，表示机器的"self-replicating"。

　　至于"replication"在科学实验上的应用，查阅维基百科，有关于它的解释，认为它是科学方法之基本原则之一，并被说成"replicability"：一是用于统计学上的"replication"，表示一个试验或完成的实验的"repetition"；二是

---

① Agnes M. 韦氏新世界罗热同义词词典[M]. 沈阳：辽宁教育出版社，2001：664.
② 贺小东. 英语同义词近义词反义词词典[M]. 北京：商务印书馆，2006：810.

表示"replication crisis"。①下面对这两个方面分别加以说明。

（一）统计学意义上实验的"replicability"

这事实上是说科学实验"replication"的概率——"replicability"。它的第一种含义针对的是原初实验的"replicability"，是就"复制"的意义而言的，即重复实验与原初实验的重合究竟有多大。

此种用法受到某些科学家的排斥。彭（Peng）就说："运用独立的调查人员、方法、数据、设备和协议的科学研究结果的'replication'，长期成功并且将会继续是科学研究是否有效的标准。然而，在许多研究的领域，有一些科学研究的例子，因为缺乏时间和资源，它们'cannot be fully replicated'。在此情况下，需要一个最低的标准，在'full replication'以及'absolutely cannot be replicated'间填充空白。对于这一最低标准的一个候选是'reproducible research'。它要求数据集以及计算机编码可用于证实出版的结果以及检查替代性的分析。"②在科学上，一个非常好的"reproducibility"的结果，是一个有尽可能多的实验设施以及尽可能多的证据链的一致来确认。

更有甚者，德拉蒙德认为，"replicability"在这一意义上的使用并不可取，因为当人们说到"replicability"，意味着要细节性地重复原初实验的所有。事实上，实验与实验之间总是有差别的，而且，与第一次实验的差别越大，第二次实验的作用就越大。一个独立的有价值的重复实验，绝不是简单地"replication"。"reproducibility"要求变化，"replicability"排斥变化，"replicability"对于科学的"reproducibility"是一个坏的替代物。此时，还是应该用"reproducibility"。③

对于第二种用法，"replicability"在科学实验上最常见地应用于同一类对象的不同个体之上，或者是时空环境的随机变异性上等。如在医学上，同一种药物应用于不同的人群（依据年龄、性别、种族等区分）后，会呈现出差异；在生态学上，相关实验结果会随着研究对象的个体差异以及所处时空环

① replication，https://en.wikipedia.org/wiki/Replication[2018-02-08].
② Peng R D. Reproducible research and biostatistics[J]. Biostatistics，2009，10（3）：405-408.
③ Drummond C. Replicability is not reproducibility：Nor is it good Science[C]//Proc. of the Evaluation Methods for Machine Learning Workshop at the 26 th ICML. Montreal：National Research Council of Canada，2009.

境的随机差异而变化。这样定义后，就基本可以看出这一单词与"repeatability"以及"reproducibility"的区别了。"'repeat'和'replicate'测量都是在相同因子设置组合下进行的多响应测量；但'repeat'测量是在同一试验运行（run）或连续运行过程中进行，而'replicate'测量是在内容相同的不同试验运行过程（通常是随机化试验）中进行。"[1]

例如，当测量一盆植物的生长指标如形态指标和光合作用指标时，如果在短时间内，同样的实验者，在同一地点，运用相同的实验方法去重复测量，获得的差异在允许的范围内，则此时原初实验就具有"repeatability"；在进行"repeatability"实验时，如果实验对象（单元）所处的场所具有随机变异性，这时实验场所会影响到实验结果，此时，就要把这种影响考虑进去，用"replicability"来衡量。

至于"replicability"与"reproducibility"之间的区别，也可做类似分析。"replicability"与"reproducibility"相关，意味着当在抽样、研究程序和数据分析方法中的差异可能存在时，独立地取得不同但至少类似的结果的能力。一个特定的由实验获得的值，如果它被说成是"reproducible"，那么就是不同的人在不同的场所在"重复样本"（replicate specimens）上进行的多次测量或观察间有一个高的一致性。然而，在科学上，一个被很好地"重复的结果"（reproduced result）的实验是一个能够用尽可能多的不同的实验设置和尽可能多的相符的证据线索来证实。尽管两者经常被混淆，在实验的"replicates"和独立的重复（repetition）间有一个重要的区别。"replicates"经常在一个实验内被完成。它们不会也不可能提供"reproducibility"的独立证据。相反地，它们是作为实验内部检查（a internal check）之用的，不应该作为实验组成出现在科学出版物中。正是这样一个实验的独立的重复（repetition），用于夯实实验的"reproducibility"。[2]

（二）"replication crisis"的内涵

"replication crisis"与实验的"replicability"有关。是否"replicability"

①　replicates and repeats in designed experiments，http://support.minitab.com/en-us/minitab/17/topic-library/modeling-statistics/doe/basics/replicates-and-repeats-in-designed-experiments[2018-05-20].

②　reproducibility，https://en.wikipedia.org/wiki/Reproducibility[2018-02-08].

越高的实验，越可取呢？这要具体情况具体分析。

对于物理学、化学等传统科学实验，其原初实验与重复实验中的同类实验对象——无机物和有机物差异很小，甚至一样，实验时空环境条件一致，故其"replicability"一般来说是高的，越高的"replicability"实验一般更可取。此时，一般不称之为"replicability"，而称之为"reproducibility"。"如果不同的人在不同的场所，在重复样本上进行测量或观察，并且在它们之间获得高度的一致，那就是，如果实验值被发现具有高度的"精确性"，那么这一特定的实验获得的数值就被说成'reproducible'。"①

对于医学、生态学等新型科学实验，同类实验对象存在一定差异或者实验时空环境条件存在随机变异，此时，"replicability"越高并非一定越可取，要视显著性检验而定。一般而言，通过显著性检验的实验的"replicability"越大，应该越好，因为此时该实验结果可以应用于更加普遍的对象或时空环境，更具有普遍性。否则，即使实验结果的"replicability"较大甚至很大，也不可取。

下面以"某一营养梯度是否是某种植物生长的决定因素的生态学实验——温室实验"为例，对此加以说明。

首先，可以设计下列实验1：选择一盆植物，首先测量其生长参数，如植物形态指标、光合作用指标等，然后尽量控制其他因素不变，对该植物施加某一水平的肥料（即处理），之后再次测量其相应的植物形态指标、光合作用指标等，最后，与施肥之前（即对照）的指标相比较，如果发现有显著差异（植株增大），则说明该水平的肥料对植物生长有决定性影响。具体实验设计见图 5-3。

不过，深入思考之后将会发现，对该实验结果的说明是缺乏说服力的，因为，我们无法排除其他因素的影响。事实上，植物的增大有可能是植物自身的长势使然，与施不施肥无关。由此，根据此实验，是不能得出"所施肥料是该植物生长的决定性因素"这一结论的。

---

① ASTM E177. Standard practice for use of the terms precision and bias in ASTM test methods[S]，Subcommittee E11.20 on Test Method Evaluation and Quality Control，2014.

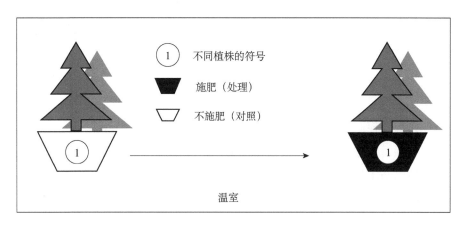

图 5-3　温室实验设计 1

为了消除上述影响，可以设计对照实验 2：选择两盆同样的植物，各方面（植株大小、颜色，土壤成分、水分，盆的材质、大小，以及大气环境等）都类似。对其中一盆植物施加某一水平的肥料（即处理），对另一盆植物不施加肥料（即对照）；一段时间之后，测量其相应的植物形态指标、光合作用指标等，然后比较施肥与不施肥两种情况下的指标，如果发现有显著差异（增大），则说明该水平的肥料对植物生长有决定性影响。具体实验设计见图 5-4。

图 5-4　温室实验设计 2

图 5-4 的设计肯定比图 5-3 好，但是仍然不能排除某些因素的影响，令人信服地得到"该水平的肥料对植物生长有决定性影响"这一结论。因为，这一结论有可能是由"这一段时间内施肥植株本身就比不施肥植株的长势要好"造成，或者有可能虽然我们尽量控制两个盆中的土壤、水分、养分相似，但

是总会有一些小的差异，也许施肥的那盆长势良好恰由这些微小的差异造成。可以说，在这样的实验设计下，这样的可能性是难以排除的。

为了进一步消除上述影响，采取的措施是增加处理和对照下的植株（即实验单元）数量，即设置处理和对照的复现。具体实验设计见图 5-5。取 18 盆植株，同样控制它们各方面都相似，然后 9 盆施肥，另外 9 盆不施肥。一段时间之后，测量其相应的植物形态指标、光合作用指标等。然后比较施肥的 9 盆植物与不施肥的 9 盆植物的指标，如果发现有显著差异（增大），则说明该水平的肥料对植物生长有决定性影响。

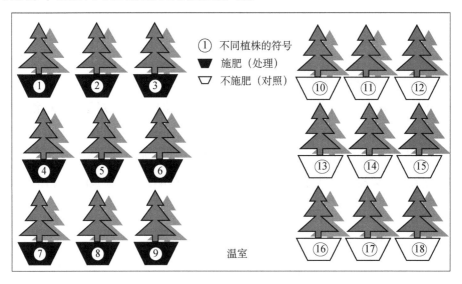

图 5-5 温室实验设计 3

分析图 5-5，实验设计 3 中增加了处理的复现和对照的复现数量（由原来的 1 个复现分别增加为 9 个复现）。这样一来，施肥的 9 盆植物的长势同时比不施肥的 9 盆植物的长势都高的可能性就很小了，施肥的 9 盆中土壤、水分、养分等初始的微小差异能够造成影响的可能性也很小了，这些在统计上可以忽略不计，从而得到的结果就可以令人信服了。

但是，这样的设计仍然存在一个问题，就是施肥和没有施肥的盆栽植物的空间排列与放置问题。在图 5-5 中，所有施肥的 9 盆植物均放置在左边。在此情况下，即使实验者尽量保持环境恒定，但是这仍然不能保证左边的环境条件如温度、湿度、光照等与右边相同，不存在微小的差异。也许正是这样的微小差异，导致了"放置在左边的植物比放置在右边的植物长势好"这一结论。如此，通过上述实验得出"施肥的植物比不施肥的植物长势好"这一结论，就无法使人信服了。

1984 年，赫尔伯特撰文对这种现象进行了系统研究，并将此现象称为生态学实验"pseudoreplication"。[①]这可以看作生态学实验的"replication crisis"。

通过上述对生态学实验"pseudoreplication"的阐述，可以清楚地看出，它指的是这样一种情况：对一类具有哪怕些许差异性的实验单元进行实验时，处理不当将会导致实验结果缺乏统计独立性，进而使得实验结果的"有效性"受到影响。相反地，生态学实验的"replicability"或者"replication"，应该指的是针对差异性的实验单元，进行相应的、恰当的处理，从而使得实验结果具有统计的独立性，并进而使得实验结果的"有效性"得到保证。

在此，生态学实验的"replicability"与"repeatability""reproducibility"不一样，它主要地指的不是对某一实验过程或结果的重复，而是指的对不同实验单元进行实验所获得的结果是否具有统计的独立性，涉及的是实验结果的"有效性"；它与实验结果的"有效性"或"正确性"呈现同步变化趋势，"有效性"是此类实验的追求目标，"replicability"或者说对各实验单元实验结果的"reproducibility"，虽然在此类实验中也非常重要，但这要以实验统计"有效性"为基础，否则，有可能导致"pseudoreplication"；生态学家追求的是，尽量避免"pseudoreplication"，以获得有效乃至正确的实验结果。这种状况与生态学实验的"repeatability"和"reproducibility"有很大的不同，是生态学实验的另外一个重要的方面，故有关此主题在本章中较少涉及而集中在第六章"生态学实验的'伪复现'辨正"中论述。

从上面的分析可见，科学实验"可重复"有三种内涵，分别与科学实验之"repeatability""reproducibility""replicability"相对应。它们之间是有区别的，为了表示这种区别，笔者分别用"可重现"或"可重现性"、"可再现"

---

① Hurlbert S H. Pseudoreplication and the design of ecological field experiments[J]. Ecological Monographs，1984，54（2）：187-211.

或"可再现性""可复现"或"可复现性"表示它们。这样一来，科学实验"可重复"就分成三类：科学实验"可重现"（"可重现性"）、科学实验"可再现"（"可再现性"）、科学实验"可复现"（"可复现性"）。科学实验的"可重现"（"可重现性"），强调的是相同的或不同的实验者对同一个实验过程、方法和分析等涉及"行动"方面的重复；科学实验的"可再现"（"可再现性"），强调的是相同的或不同的实验者通过相同的或不同的过程、方法和分析等对原初实验结果的重复。科学实验的"可复现"（"可复现性"），指的是在统计显著性检验有效的情况下，实验实施及其结果的一致性。

科学实验"可重复"的上述三种区分是有意义的：科学实验的"可重现"（"可重现性"），表示的主要是实验者自己或他人对原初实验"可靠性"的认证；科学实验的"可再现"（"可再现性"），主要表示的是实验者（包括初始实验的实验者）采用与先前实验者不同的方式进行的"可靠性"认证，这是一项科学实验被科学共同体接受的基本条件。科学实验的"可复现"（"可复现性"），涉及的是实验对象及实验时空环境的"随机性"，表示的是统计"有效性"检验（显著性检验）基础上的实验的"可靠性"和"普遍性"。科学实验的"可重现"（"可重现性"），强调的是行动"同一"中的"一致"；科学实验的"可再现"（"可再现性"），强调的是实验者、实验对象、实验过程和技术"变化"后的结果的"一致"；科学实验的"可复现"（"可复现性"），强调的是实验对象或实验环境"随机变化"后的结果的"一致"。这最后一种"一致"，在某些情形下可能比较差，不过，改善科学实验的"可复现"，提高科学研究的普遍适用性，仍然是科学家的追求目标之一。

一般而言，"可再现"（"可再现性"）比"可重现"（"可重现性"）更加重要，因为，由"可再现"（"可再现性"）的科学实验能够比"可重现"（"可重现性"）的科学实验给予原初实验结果及其相关的科学假说（理论）更多的"证实"，也能够给予原初实验及其相关的科学假说（理论）更可能的"证伪"，甚至还可以避免原初实验者的人为错误甚至欺骗行为，由此能够给予实验以更多的"精确性"（"可靠性""可信性"）支持；"可复现"（"可复现性"）的科学实验着眼点不同于"可再现"（"可再现性"）或者"可重现"（"可重现性"）的科学实验，其焦点放在实验对象（或实验单元）的随机化试验上，目的是获得显著性检验有效基础上的可靠的科学认识，鉴此，需要防止"伪复现"。

第二节　生态学实验的"可重复"困难及其改善

从生态学实验诞生至今，"可重复"较差甚至不能重复成为笼罩在生态学研究者头上的阴影，被生态学界内外所诟病。由此，需要我们高度关注生态学实验的"可重复"，系统收集并分析国内外的相关文献，梳理生态学实验"可重复"困难的原因，在此基础上，针对生态学实验研究现状，提出相应的改善对策。

一、本体论方面生态学实验"可重复"困难的原因及其对策

（一）生态系统自身复杂性导致生态学实验"可重复"困难

1. 自然的时间空间变化性导致生态学实验"可重复"困难

生态系统中的生物和非生物，它们自身内在的关系及它们之间的相互作用和关系，它们与环境的关系，会随着时间和空间的变化而变化。这导致物种分布、种群分布及群落结构和演替等出现较大的甚至很大的差异。对此，施纳泽（Schnitzer）和卡森（Carson）就说，这可能导致重现（repeatability）实验研究的结果与最初的研究结果不一样；即使我们能够复现（replicability）完全相同的野外实验，快速的环境变化可能导致生态的相互作用，它们的大小，甚至是方向，可能已经永久地改变了，这可能产生不同的结果。[①]

这是与传统的实验室实验不同的。传统的实验室实验虽然也存在自然的时间变异性——随机或混乱的微小变化，并且可能会对不同时间所做的同一实验的结果造成较大影响，但是，在实验室条件下，这些变化可以很好控制，并且使得它们很小，甚至可以忽略。在生态学实验中，相关的因素随着时间和空间的变化而变化，这种变化可能一直很重要，也可能偶尔很重要；可能

---

① Schnitzer S A，Carson W P. Would ecology fail the repeatability test?[J]. BioScience，2016，66（2）：98.

当前很重要，也可能将来很重要。这种时间和空间上的大的自然变化性给生态学实验的重现或再现（reproducibility）带来无法预料的困难，也使得生态学理论和实验不能得到可重现（再现）检验。即使在同一个地点，在一个很短的时间和空间间隔内，要重现或再现一个生态学实验，也是比较困难的；在一个较大的时间间隔内，重现或再现一个实验就更加困难了，如持续的环境变化将使最近的研究与几十年前进行的对比研究复杂化。亚伦（Aaron）甚至认为，生态学现象是背景依赖的，而且背景会随着时间和空间的变化而变化，如此，精确地或量化地重现生态学野外实验，事实上是不可能的。[①]

2. 大尺度的限制导致生态学实验"可重复"困难

哈格罗夫认为，在大尺度上进行操纵或设置复现（重现），并且维持长时间的操纵是很困难的。操纵往往会引起干扰，并通过其他系统组分传播意料不到的影响。设置了复现（重现）意味着该实验将是可被复现（重现）的，即某种程度上该实验是独立于时空的。但是，随着时空尺度的增大，设置复现（重现）的难度也增大了；除了费用等与人有关的原因，原来的奇异事件也会变得常见起来。[②]辛德勒认为，虽然"全生态系统"（whole ecosystem）实验得到的结果更真实，但要在大尺度"全生态系统"实验设置复现（重现）则几乎是不可能的。以湖泊为例，辛德勒发现虽然有 46 个湖泊可以用来做实验，但是仍然难以发现有近似复现（重现）的湖泊。造成此结果的原因除了昂贵的费用之外，还有湖泊之间的差异，包括动物区系（fauna）、湖水更新时间（决定化学变化响应速率）以及化学物质的浓度等方面。[③]

即使不考虑上面这点，而假设可以进行"重现"实验，但是，一旦考虑到时间和空间的尺度较大，此类实验仍然不能顺利完成。施尼策尔等就说："重

① Ellison A M. Repeatability and transparency in ecological research[J]. Ecology, 2010, 91 (9): 2536-2539.

② Hargrove W W, Pickering J. Pseudoreplication: A sine qua non for regional ecology[J]. Landscape Ecology, 1992, 6 (4): 251-258

③ Schindler D W. Replication versus realism: The need for ecosystem-scale experiments[J]. Ecosystems, 1998, 1: 323-334.

现生态学研究的另一个重要障碍是它们持续的大尺度的空间和时间。"① "在过去的 40 年中,一些最具影响力的生态学研究在空间和时间尺度上都非常大,重现许多这样的研究需要付出巨大的努力。对于某个个人来说,甚至需要花费其整个职业生涯的几十年时间来重现几年前发表的有影响力的生态研究。"② 事实上,布鲁克(Brook)关于生态系统的研究③,以及为了重现贯穿整个巴拿马热带森林,而在 25 年中的每个月收集木本植物物种物候学和生产率的数据,以用于判断是否复现(重现)④,就展现了这种困难。

而且,在大的空间和时间维度上进行的生态学野外实验按理说是最真实的,不过由于后勤和经济方面的限制,它是最不可能被实验重现的。简单地说,谁能够大量地进行大规模的实验重现研究呢? 谁会资助他们呢?⑤

(二)因地制宜,提高生态学实验的"可重复"

1. 使用易于处理的生物或系统来阐明过程

生态学野外实验的目的是研究生态现象并描述其过程,超越特定的分类单元或系统,得到一般的实验结果。鉴此,应该使用易于处理的"模型"生物或系统做实验。如对于"模型"生物,必须具有某些目标变量如密度、身体大小、繁殖力等,能够面对较大范围的自变量强度变化做出响应;必须在研究的空间和时间尺度上便于观察;必须以最不具侵入性的方式被操纵,因为操纵的侵入性越大,实验结果的人工性就会越大,模型生物的"有效性"就越差。只有这样,生态学模型实验才是"可重现"的。

2. 选择同质性和平衡的系统进行研究

对于大尺度的生态学实验,如区域生态学实验,为了提高它的"可重现

① Schnitzer S A,Carson W P. Would ecology fail the repeatability test?[J]. BioScience,2016,66(2):98.
② Schnitzer S A,Carson W P. Would ecology fail the repeatability test?[J]. BioScience,2016,66(2):98.
③ Likens G E,Bormann F H,Pierce R S,et al. Biogeochemistry of a Forested Ecosystem[M]. New York:Springer Verlag,1977.
④ Wright S J,Calderon O,Hernandez A,et al. Are lianas increasing in importance in tropical forests?A 17-year record from Panama[J]. Ecology,2004,85(2):484-489.
⑤ Schnitzer S A,Carson W P. Would ecology fail the repeatability test?[J]. BioScience,2016,66(2):99.

性"，往往会假定同质性和平衡。这些初始假定排除了区域生态学研究中那些异质性的时空相互作用，从而呈现出一定的规律性的、可重现的现象。①

3. 进行微宇宙实验

由于微宇宙实验的尺度较小，通常是在瓶子之类的实验室器皿中进行的，对环境条件可以进行良好的控制，而且可以对实验的处理设置复现，因此，它的可重现较高。阿博特就认为，微宇宙实验的"可重现"已经成为证明该方法之于生态学研究正当有理的一个重要前提；阿博特发现，2 篇意在重现微宇宙实验的文献声称其实验的优点是可重现和可控，但是结果发现这 2 篇论文的结果与其他论文的结果相冲突。在这种情况下，他建立了 18 个大圆玻璃瓶微宇宙进行实验，结果发现，在恰当的条件下，水生微宇宙显示了与统计试验中其他类型的复现单元类似的可复现。就统计学而言，这意味着可以建立成组的平行系统，在严格限定的实验中进行研究。②

二、认识论方面生态学实验"可重复"困难的原因及其对策

（一）实验场所不能精确描述等造成生态学实验"可重复"困难

对于生态学实验，由于面对的对象常常是复杂的，由此导致对此认识的"正确性"受到影响，这会影响到实验的"可重复"。如在生态学中，对于实验场所的精确描述将会促进生态学实验的"可重现"。然而，在野外，各种条件不断变化，难以得到很好的控制，进行一项可重现的实验就变得更加具有挑战性。在尺度更大的一些地方，由于不可控变量持续增加，不确定的问题更为突出而且场所也越来越复杂。③这必然增加实验场所准确描述的困难，使得野外实验研究的可重现受到限制。

---

① Risser P G，Karr J R，Forman R T T. Landscape Ecology：Directions and Approaches[M]. Illinois：Illinois Natural History Survey Special Publication No. 2，Champaign，1984.

② Abbott W. Microcosm studies on estuarine waters I. The replicability of microcosms[J]. Water Pollution Control Federation，1966，38（2）：258-270.

③ Kraufvelin P. Baltic hard bottom mesocosms unplugged：Replicability，repeatability and ecological realismexamined by non-parametric multi-variate techniques[J]. Journal of Experimental Marine Biology & Ecology，1999，240（2）：229-258.

　　夏皮罗（Shapiro）和巴尔迪（Báldi）从 *Ecology* 和 *Oecologia* 中选取一年内发表的文献，计算那些野外实验或者观察实验中与场所描述相关的文献数量，审察其中有关场所的描述，得到以下结论：在 488 篇文献中，27.3%的文献省略了地图和地理坐标，仅包含关于实验地区的模糊描述（例如仅提供郊外或公园的名字）；13.7%的文献包含地图；57.6%文献包含地理坐标。在包含空间坐标的那些文献的子集中，4.6%的文献仅仅精确到度，描述的地点可能包含了上千平方公里的地区；超过 2/3 的精确到了分，描述的地点覆盖了大约 3.4 平方公里的地区；7.8%的文献精确到了秒，所涉及的地点缩小到几十平方米的地区。[①]

　　夏皮罗和巴尔迪将空间坐标与使用谷歌地图所获得的地点描述进行对比后发现，关于空间位置的错误是普遍存在的。[②]他们认为，发表的研究成果声称一组坐标落在某个区域范围之内（诸如郊外、岛屿、湖泊），而事实并非如此，那么该坐标则被视为不准确的。这种情况仅包含那些明显不准确的坐标。例如，那些声称是在岛上的坐标实际上是在临近的海洋中，或者是在其他与描述明显不同的郊外。如果坐标能够在所描述的地点范围内，比如在一个公园之内，就不会被归类于不准确，而不考虑这些坐标的精确度。他们发现，在这些发表的文献所提供的地理坐标中，接近 16%的文献对于场所的描述都是不准确的。[③]

　　以上仅是从生态学实验场所精确描述的角度阐述实验可再现的困难。事实上，对于生态学而言，长期以来受到广泛的批判，有学者认为，生态学的命题和概念缺少严密性，需要进行逻辑分析；生态学解释不仅有演绎-律则解释（D-H 模型），更有历史解释；生态学预测能力差，具有多元性和实用性；等等。[④]所有这些也可以造成生态学实验认识"正确性"的缺乏，从而导致其可重现或可再现的困难。

①　Shapiro J T，Báldi A. Lost locations and the（ir）repeatability of ecological studies[J]. Frontiers in Ecology and the Environment，2012，10（5）：235.

②　Shapiro J T，Báldi A. Lost locations and the（ir）repeatability of ecological studies[J]. Frontiers in Ecology and the Environment，2012，10（5）：235.

③　Shapiro J T，Báldi A. Lost locations and the（ir）repeatability of ecological studies[J]. Frontiers in Ecology and the Environment，2012，10（5）：235.

④　Peters R H. A Critique for Ecology[M]. Cambridge：Cambridge University Press，1991.

（二）提高生态学实验认识的"正确性"，改善生态学实验的"可重复"

仍然以生态学实验的场所确定为例，夏皮罗和巴尔迪指出：场所的确定和描述不准确从而导致生态学实验"可重现"困难之后，认为地理坐标可能不是描述研究场所的最好方法。他们建议使用标记语言文件（keyhole markup language，KML，如谷歌地图使用的）来储存信息和图片，这种文件可以被纳入大多数期刊的电子增刊和附录中。①

应该说，他们的这一建议还是可行的和恰当的。地理坐标尽管可以对一个特定地点进行精确描述（如一片林地或者一个小池塘），但是对于那些在更大区域范围进行的研究就不那么有用了（也就是说，坐标本身并不能对重现研究提供足够的信息）。不仅如此，在许多区域，谷歌地图拍摄的图片可以缩放得足够大以便使用者甚至能看清每一棵树，因而使用者就能更好地了解地形，这也有助于研究者同时运用多重尺度方法进行分析。

夏皮罗和巴尔迪进一步指出，可以通过以下方法尽可能精确地确定地点：通过 GPS 装置进行野外测量；用谷歌地图或其他在线"电子探测器"获取图片；在地点坐标上提供经度和纬度。②

他们的上述观点是可行的。卫星图像和航空图片（诸如谷歌地图所拍摄的），能够显示坐标和地图所不能显示的地点的相关细节。与野外观测相联系，这些图片：一是能够提供精确、详细的地理和植被覆盖度的相关信息；二是能够减少进行野外研究的费用；三是有助于长期的检测并允许研究者重现实验，以说明景观尺度的变化。他们认为，精确的地点信息，特别是由标记语言文件所提供的信息，能够提高生态学研究的可重现和质量。③

除此之外，推进生态学认识的"正确性"，明确生态学概念的内涵和外延，增强生态学理论的普遍性，使得生态学能够更加充分地检验理论，等等，也是从认识论角度提高生态学实验"可重复"的有效路径。具体内涵在此不再多述。

---

① Shapiro J T，Báldi A. Lost locations and the（ir）repeatability of ecological studies[J]. Frontiers in Ecology and the Environment，2012，10（5）：235.

② Shapiro J T，Báldi A. Lost locations and the（ir）repeatability of ecological studies[J]. Frontiers in Ecology and the Environment，2012，10（5）：236.

③ Shapiro J T，Báldi A. Lost locations and the（ir）repeatability of ecological studies[J]. Frontiers in Ecology and the Environment，2012，10（5）：236.

三、方法论方面生态学实验"可重复"困难的原因及其对策

（一）方法论细节缺乏导致生态学实验"可重复"困难

2001 年，安德森（Anderson）等通过研究发现："许多文献没有报告响应尺度或适当的误差线。"[1]2006 年，菲德勒（Fidler）等的研究支持这一观点。[2]

2013 年，兰德（Land）等全局性地进行"从流经人工湿地的水流中去除总的氮和磷的定量研究"，以此揭示方法论细节上匮乏的状况，结论是：如果要进行有意义的综合，那么，在 121 项研究中，就有 67 项研究在方法论细节和/或统计学设计上不充分。[3]同年，海德威（Haddaway）等判决性评价现有的生态学研究证据，发现在已经发表的学术研究文献中，并没有提供足够的方法论细节以满足重现性实验研究。比如，一份关于废弃高海拔土地对环境和社会经济影响的系统性材料，在 190 项研究中有 111 项缺乏方法论细节的描述。更具体地说，38 项研究没有报告调查时间，40 项研究没有报告干预时间，28 项研究没有描述复现的程度，105 项研究没有描述实验发生的空间维度。[4]

2014 年，海德威和他的另外的同事对上述问题进一步展开研究，发表了题为"低海拔的泥炭地进行有节制的开采：土地管理对温室气体和二氧化碳排放的影响的一个系统性评价"的论文，发现 140 项研究中有 39 项研究在方法论细节上较为匮乏。例如，没有说明管理活动的时间尺度以及采样的具体时间或时间段，没有指出使用的复现次数，没有描述控制和恢复区域的相对位置。[5]同年，瑟德斯特伦（Soderstrom）等进行了"农田管理对土壤有机碳

[1] Anderson D R, Link W A, Johnson D H, et al. Suggestions for presenting the results of data analysis[J]. Journal of Wildlife Management, 2001, 65（3）: 373-378.

[2] Fidler F, Burgman M, Cumming G, et al. Impact of criticism of null-hypothesis significance testing on statisticalreporting practices in conservation biology[J]. Conservation Biology, 2006, 20: 1539-1544.

[3] Land M, Graneli W, Grimvall A, et al. How effective are created or restored freshwater wetlands for nitrogen and phosphorus removal? A systematic review protocol[J]. Environmentol Evidence, 2013, 2（1）: 16.

[4] Haddaway N R, Styles D, Pullin A S. Evidence on the environmental impacts of farm land abandonment in high altitude/mountain regions: A systematic map[J]. Environmentol Evidence, 2013, 2（1）: 1-7.

[5] Haddaway N R, Burden A, Evans C D, et al. Evaluating effects of land management on greenhouse gas fluxes and carbon balances in boreo-temperate lowland peatland systems[J]. Enviromental Evicleace, 2014, 3（1）: 5.

的影响"的系统评价研究,发现 500 项研究中有 70 项未能说明实验设计,如土地分块及随机配置等。[1]

2015 年,尼尔(Neal)系统研究了农地管理对土壤有机碳的影响后发现,过去 22 年来,数据的遗失仍然是一个大问题,平均每年有 13%的研究(±8.0[SD])没有报告样本参数。[2]同年,海德威和费尔赫芬(Verhoeven)通过批判性地评估大量重要证据后发现,方法论细节的欠缺已经成为生态学实验"可重现"的障碍。[3]

2017 年,菲德勒等通过考察现有的研究以及他们自己的研究,说道:"不幸的是,现有的证据表明,不完整的报告是非常普遍的。"[4]

上述方法论细节的缺乏,直接导致对此所进行的元分析以及"可重现"的困难。高森(Garssen)等就举例说明,缺乏信息的类似问题也同样发生在元分析中。[5]菲德勒等认为,对于补充材料或在线存储库中提供的数据,作者对它们的描述常常是错误的或不够充分,这导致再分析(re-analysis)的困难。[6]如吉尔伯特和他的同事发现,在他们检查的 60 个分子生态学数据集中,35%的情况都是这样。[7]可诺奇威(Koricheva)等说道,不完整的报告对结果"可再现"造成了严重的障碍,限制了数据元分析的"有效性",可能使元分析和系统审查的过程弱化并产生偏差。[8]

(二)完善实验报告,实现生态学实验的"可重复"

根据前述文献,生态学实验方法论细节的缺乏,在不完整的实验报告中

① Söderström B, Hedlund K, Jackson L E, et al. What are the effects of agricultural management on soil organic carbon (SOC) stocks?[J]. Enviromental Evicleace, 2014, 3 (1): 1-8.
② Haddaway N R, Verhoeven J T A. Poor methodological detail precludes experimental repeatability and hampers synthesis in ecology[J]. Ecology and Evolution, 2015, 5 (19): 4452.
③ Haddaway N R, Verhoeven J T A. Poor methodological detail precludes experimental repeatability an hampers synthesis in ecology[J]. Ecology and Evolution, 2015, 5 (19): 4451-4454.
④ Fidler F, Chee Y E, Wintle B C, et al. Metaresearch for evaluating reproducibility in ecology and evolution[J]. BioScience, 2017, 67 (3): 285.
⑤ Garssen A G, Verhoeven J T A, Soons M B. Effects of climate-induced increases in summer drought on riparian plant species: A meta-analysis[J]. Freshwater Biology, 2014, 59 (5): 1052-1063.
⑥ Fidler F, Chee Y E, Wintle B C, et al. Metaresearch for evaluating reproducibility in ecology and evolution[J]. BioScience, 2017, 67 (3): 285.
⑦ Gilbert K J, et al. Recommendations for utilizing and reporting population genetic analyses: The reproducibility of genetic clustering using the program[J]. Molecular Ecology, 2012, 21: 4925-4930.
⑧ Koricheva J, Gurevitch J, Mengersen K. Handbook of Meta-Analysis in Ecology and Evolution[M]. Princeton: Princeton University Press, 2013.

可以发现，典型地体现在方法的不透明上：没有或不能披露所有符合研究条件的样本量，以及确定这些样本量的方法；没有或不能描述用于选择研究主题和分配处理的理由及其方法；没有或不能展现数据丢失处理以及数据审查的方法；没有或不能给出与效应量或参量相对应的变量的充分细节；没有或不能明确所涉及的假设是先验的还是事后的，等等。鉴此，就要求生态学实验者在这些方面下大力气，以提供完整的生态学实验报告，提高生态学实验的"可重复"。

不过，考察现行的期刊指南、执行标准和激励措施，不足以完全且明确地要求实验者提供相关方法和分析的报告。因此，西蒙斯（Simmons）和他的同事提出一个简单的解决方案，即要求所有作者对于方法部分，发表以下声明："我们报告，在我们的研究中，我们是如何确定我们的样本量，是如何排除那些数据的（如果有的话），是如何进行那些操作的，又是如何使用那些测量的。"[1]菲德勒等也提出类似的对策——"报告登记"（registered reports）制度，具体而言就是，期刊承诺论文的发表基于以下政策：论文的介绍、方法和计划的分析，以及对稿件的同行评审。在这一政策下，评审人员和编辑必须根据研究的基本原理（例如知道这个问题的答案有多重要）、方法（例如能否提供研究设计和分析回答问题的能力）做出决定，不能被结果是否重要所影响。[2]他们提到，在不同的学科，已经有30家期刊开始用某种形式实行"报告登记"制度。这为传统的同行评审过程提供了另一种选择。[3]

不仅如此，海德威等对作者、审稿人和期刊编辑提出了相应的要求。

对于生态学实验者或作者本人，基于他们在系统研究中的严格评价的经验，海德威等建议在实验和准实验研究的手稿中遵守以下最低要求：

（1）实验设置；

a. 户外研究：详细的研究地点（纬度和经度），有影响的气候条件；

b. 实验室研究：受控条件（温度、光周期、有效的试剂）。

（2）研究日期和持续时间；

① Simmons J P，Nelson L D，Simonsohn U. A 21 Word Solution[EB/OL]. http://dx.doi.org/10.2139/ssrn.2160588[2016-11-11].

② Fidler F，Chee Y E，Wintle B C，et al. Metaresearch for evaluating reproducibility in ecology and evolution[J]. BioScience，2017，67（3）：284.

③ Fidler F，Chee Y E，Wintle B C，et al. Metaresearch for evaluating reproducibility in ecology and evolution[J]. BioScience，2017，67（3）：284.

（3）记录样本选择和治疗分配的选择过程（有目的的、随机的、限制的等）；

（4）真实的复现水平；

（5）二次抽样的水平［量的重现或者内复现抽样（within-replicate sampling）］；

（6）采样精度（内在复现的抽样或"伪复现"）；

（7）研究空间尺度（复现的尺寸和研究区域的空间尺度）；

（8）研究设计［比如前-后（before-after），控制-影响（control-impacts），时间序列（time series），前-后-控制-影响（before-after-control-impacts）］；

（9）结果的测量方法和设备；

（10）对所有的数据操作、建模或统计分析进行描述。[①]

对于审稿人或期刊编辑，海德威等认为，在主要研究缺少方法信息的地方存在着几个可能的解决方案：

（1）联系相应的作者，要求获得信息；

（2）检查同样的实验的相关底稿是否已发表。如发表，就可以可靠地假定正在发表的论文的方法与此前的方法是相同的，从而提取此方法细节；

（3）在元分析中进行敏感性分析（sensitivity analysis），以检验缺少重要的方法论信息对研究的影响（但也提供了足够的数量数据）；

（4）一旦发现，在专用数据库中发布丢失的信息［如 SRDR（http://srdr.ahrq.gov），或"已发布"的平台如 PubPeer（https://pubpeer.-com）］，让未来的读者更容易找到；

（5）从长远来看，对于提高报告标准，要加以促进。

a. 改进当前期刊指南，提高生态学实验研究的报告标准[②]，建立对方法论细节的普遍授权；

b. 提高对评稿人员的指导，确保他们对方法论的重现性实验进行筛选；

c. 提高人们对重现性实验的重要性的认识，要特别重视二次综合（secondary synthesis），以及它们对实验合法性的帮助和影响。

---

① Haddaway N R，Verhoeven J T A. Poor methodological detail precludes experimental repeatability and hampers synthesis in ecology[J]. Ecology and Evolution，2015，5（19）：4453.

② Hillebrand H，Gurevitch J. Reporting standards in experimental studies[J]. Ecology Letters，2013，16（12）：1419-1420.

前三个选项（1）（2）（3）是广泛适用的，只需最小的付出就可以实现。然而，考虑到机构之间的研究人员的流动，通讯地址的变化，预计3~5年之后原先的电子邮件的回复率可能会特别低。选项（4）和（5）可能需要相当大的努力，并且需要科学界的集体努力。①

四、价值论方面生态学实验"可重复"困难的原因及其对策

（一）学术不端导致生态学实验"可重复"困难

一项重要的研究发现，科学实验缺乏可重现的一个可能的原因是数据造假和其他的不道德行为，如选择性地删除一些数据点等。尽管我们主观上期望这种行为在生态学中并不常见，但是，在其他科学领域大量的论文因此被驳回使我们对上述主观期望存疑。事实上，发表高影响力的论文，既是成功竞聘工作的必要条件，也是支撑生态学研究的需要。在此压力下，仍然相信生态学中没有多少数据造假等类似行为，未免显得天真。②

这就是说，"不发表，就出局"（publish or perish）的文化，是造成生态学实验不端行为的一个重要原因。只有那些发表出来的成果，才会被当作成果，也才会被人们知晓，并进而成为科研人员晋升、提职等的根据。这样一来，科研人员就要千方百计地、更多地发表论文。对于那些失败了的或者在统计学上呈现非显著性的生态学实验研究成果，按照实验研究成果发表的规则，就只能报废或放在文件抽屉里尘封起来，成为废物。在这种情况下，某些科研人员出于对"不发表，就出局"文化的尊崇和恐惧，对那些不符合发表要求的所谓不合格的研究论文，通过所谓的"研究人员的自由度"（researcher degrees of freedom），人为地使之"复活"，"回到"成功或者"恢复"统计的显著性，以最终达到发表的目的。③

这就是众所周知的"成问题的研究实践"（questionable research practices，

---

① Haddaway N R, Verhoeven J T A. Poor methodological detail precludes experimental repeatability and hampers synthesis in ecology[J]. Ecology and Evolution, 2015, 5（19）: 4452-4453.

② Schnitzer S A, Carson W P. Would ecology fail the repeatability test?[J]. BioScience, 2016, 66（2）: 99.

③ Simmons J P, Nelson L D, Simonsohn U. False-positive psychology: Undisclosed flexibility in data collection and analysis allows presenting anything as significant[J]. Psychological Science, 2011, 2（1）: 1359-1366.

QRPs）。菲德勒等关注零假说统计检验（null hypothesis statistical testing,
NHST）相关的"可再现"议题，通过对早期杂志《生态学》（*Ecology*）、《生态学杂志》（*Journal of Ecology*）、《生物保护学》（*Biological Conservation*）和《保护生物学》（*Conservation Biology*）上的有关零假设的显著性检验调查报告的更新检查，发现 QRPs 出现的情况并没有减弱的迹象：在 2005 年，84%的文献（200 篇文章中的 167 篇）报道了 p 值；在 2010 年，对应的数字为 90%的文献（170 篇文章中的 153 篇）报道了 p 值。[①]

菲德勒等对此展开进一步的系统研究，认为其形式主要包括 p 值篡改、择优选择、结果已知之后假设（hypothesizing after the results are known,
HARKing）。具体内涵见表 5-4。

表 5-4　成问题的研究实践，在文献中夸大假阳性率，导致更少的可再现研究[②]

p 值篡改	在决定是否收集更多数据之前，检查统计结果的统计显著性
	提前停止数据收集，因为结果已经达到统计上的显著性水平
	只在统计意义的影响预兆之后而不是在报告数据排除的影响之后，决定是否排除数据点（例如，离群值）
	舍入 p 值以达到统计学显著性阈值（例如，将 $p<0.053$ 作为 $p<0.05$）
择优选择	未能报告没有达到统计显著性或其他阈值的依赖变量或响应变量或关系
	未能报告没有达到统计显著性或其他阈值的条件或处理办法
结果已知之后假设	呈现出一个事后调查结果，好像它一直是假设的

不仅如此，菲德勒等提出，一些 QRPs，只存在于概率统计显著性实验中，但是在其他范式中，即在统计学显著性检验之外，这样的对应物也存在。[③]

（二）遵守学术道德，遏制 QRPs

如前所述，影响生态学实验"可重现"的一个重要原因是"不发表，就出局"的文化，这导致 QRPs 在生态学实验中有所抬头，从而直接影响到生态

① Fidler F，Burgman M，Cumming G，et al. Impact of criticism of null-hypothesis significance testing on statistical reporting practices in conservation biology[J]. Conservation Biology，2006，20：1539-1544.
② 引自 Fidler F，Chee Y E，Wintle B C，et al. Metaresearch for evaluating reproducibility in ecology and evolution[J]. BioScience，2017，67（3）：285. 改编自 John L K，Loewenstein G，Prelec D. Measuring the prevalenceof questionable research practices with incentives for truth telling[J]. Psychological Science，2012，23（5）：524-532.
③ Fidler F，Chee Y E，Wintle B C，et al. Metaresearch for evaluating reproducibility in ecology and evolution[J]. BioScience，2017，67（3）：284.

学实验的"可重现"。鉴此，应该对生态学研究者进行诚实性调查，确实弄清此项文化在他们的 QRPs 中的影响程度，即是否确实是"不发表，就出局"的盛行导致 QRPs 的程度加剧，从而导致生态学实验"可再现性"的降低。这是其一。

其二，菲德勒等提出，可以建立预先注册数据库（preregistration databases），作为注册报告的先驱或替代。这一数据库也是资料库，其中，研究人员在数据收集与处理之前，公开对研究的问题、假设或预期、方法和计划好的分析作出承诺（https：//cos.io/prereg）。预先注册的条例可以广泛应用于各种各样的研究，而不仅仅是那些关联假设检验的研究。另外，作为一种及时遏制 QRPs 的策略，该条例已经在其他学科中被大力提倡。[①]

其三，改变"不发表，就出局"的文化，不以文章数量来评价，而以文章质量以及"真实性"来评价。施纳泽和卡森指出，尽管伪造数据仍然很难被发现，但是增加出版生态学数据作为论文的补充，有助于减少欺诈；而且，从根本上讲，任何学术领域的成功都取决于其成员的诚实和道德，这种状况如果能在生态学中保持下去就好了。[②]

需要说明的是，这里对于生态学实验"可重复"困难原因分析及其改善措施的提出，是必要的，但不是充分的，应该还有造成"可重复"困难的其他方面的原因以及相应的对策。如贝克（Baker）通过对 1576 名科研人员的问卷调查发现，导致实验无法重复的原因有多种，如选择性报道、论文发表的压力、统计效力低、监管及指导不足、缺少实验技术和参数、实验设计太差、无法获得原始数据、作弊造假、同行评议不够。[③]就此而言，这一研究的工作还有待于扩展和深化。而且，这里没有对国内生态学实验"可重复"状况进行调查，也没有对造成这种状况的原因等作进一步研究，这些应该是生态学重要的且迫切需要研究的内容。

---

① Fidler F, Chee Y E, Wintle B C, et al. Metaresearch for evaluating reproducibility in ecology and evolution[J]. BioScience, 2017, 67（3）：284.

② Schnitzer S A, Carson W P. Would ecology fail the repeatability test?[J]. BioScience, 2016, 66（2）：99.

③ Baker M. Is there a reproducibility crisis?[J]. Nature, 2016, 533（7604）：452-454.

第三节　生态学实验"可重复原则"的应用策略

在传统的科学中，"可重复性"高的实验，其"精确性"也高，相应地，其"正确性"一般也高；"可重复性"与"普遍性""正确性"成正比。这构成传统科学实验（以物理学实验为代表）的一个基本原则，普遍应用于传统科学实验中，被科学共同体称为"可重复原则"。在生态学实验中，研究的对象是自然界中存在的生物与环境之间的关系，而非由实验者在实验室中构建出来的实验对象、实验现象和相关关系。在这种情况下，传统科学实验的"可重复原则"还适用于生态学实验吗？生态学实验者如何有策略地运用"可重复原则"？

一、"不可重复的"生态学实验，不可强求其"重复"，以贯彻"可重复原则"

生态学实验所面对的对象和现象是复杂的，随时空变化性较大，且受尺度限制。这往往导致生态学实验"可重复"的困难和"可重复性"的低下，进而导致"可重复原则"对此不适用。鉴此，可以因地制宜，采取相应措施，如使用易于处理的生物或系统来阐明过程，选择同质性的或平衡的系统进行研究，进行微宇宙实验，加以克服和改善。

但是，深入分析上述措施，是在简化、同质化、微缩化自然界中原有对象及其关系的基础上贯彻的。这在某些状况下是允许的，但是在另外一些状况下，对自然界中存在的生物、环境及其两者之间的关系作了根本性的简化、同质化和微缩化，根本性地改变了自然界中存在的生物、环境以及两者之间的关系。此时，原先"不可重复"的或"可重复性"比较低的甚至很低的生态学实验变得"可重复"或"可重复性"高了，不过，这是以对认识对象的损害为前提的，不能真实地反映自然界的对象。

考虑到这一点，生态学实验者应该实事求是：对于那些受着"真实性"（或

"实在性")限制的"不可重复"的生态学实验，就不要强行地进行改善或提高其"可重复性"了，因为此时有可能造成"生态学实验的'可重复'完成了，但是生态学实验的'真实性'丧失了"；对于那些"可重复性"比较低的生态学实验，如果一味地强调并且贯彻"可重复"，那么结局很可能或者是实验过程的"可重现性"较差并且结果的"可再现性"随之较差，或者实验过程"可重现性"较好但是实验结果的"可再现性"较差，如此，对原先实验"可重复"就达不到"可重复性"检验的目的，所进行的"可重复"实验的价值大打折扣；对于那些"可重复性"能够被改善或者被提高的生态学实验，可以对其改善和提高，但要以不失去基本的实验"真实性"为前提，要因地制宜，切不可为了改善而改善，为了提高而提高。

二、"不可重复的"生态学实验，可以有条件地加以改善

前述"不可重复的"生态学实验是客观存在的，还有一类"不可重复的"生态学实验是人为的。鉴此，可以对这种生态学实验进行元分析，找出造成这种"不可重复"状况的认识论、方法论和价值论方面的原因，采取相应的对策，提高这种实验的"可重复性"。[①]

贝格莱（Begley）对这一问题也作了思考，他认为应该从以下六个方面检查原始论文：一是检验实验是否是双盲的？二是基础实验是可复现的吗？三是所有的结果是否展现了？四是有正面的或负面的控制吗？五是有试剂验证吗？六是统计测试合适吗？[②]

在上述贝格莱研究的基础上，斯特伍德（Steward）进一步提出，为了保证所发表的生态学实验的复现、可再现性以及严谨性和牢固性，所发表的论文应该还要满足以下要求[③]：

（1）检查是否满足贝格莱的六个红色注意事项，如果不满足，则需要对此加以考察；

（2）要求文件报告具有统计效力；

---

① 肖显静. 生态学实验"可重复"困难的原因及对策. 科技导报，2018，36（6）：8-16.

② Begley C G. Six red flags for suspect work[J]. Nature，2013，497（7450）：433-434.

③ Steward O. A rhumba of "R's"：Replication，reproducibility，rigor，robustness：What does a failure to replicate mean?[J] eNeuro，2016，3（4）：1-4.

（3）要求关于研究是否进行"滚动实验"（"rolling experiment"）的说明，并要求有关数据收集时间的信息；

（4）要求报告所有的分析；

（5）要求在讨论中有注意事项和相关的科学辩护部分；

（6）要求根据审稿人的意见，对研究进行具体说明。

三、"不可重复的"生态学实验，可以通过不同的"可重复原则""重复"

如前所述，"可重复"可以分为三种，相应地，"可重复原则"也应该有三种："可重现原则"（the principle of repeatability）、"可再现原则"（the principle of reproducibility）和"可复现原则"（the principle of replicability）。这样区分之后，我们就会发现，三种"可重复原则"的内涵是不同的，相互之间有可能代替。如对于"不可重现的"生态学实验，即不能贯彻"可重现原则"的生态学实验，可以通过"可再现"实验，即通过不同的技术、方法、过程乃至理论负荷，获得相同的实验结果，即通过"可再现原则"，实现另一种形式的"重复"——行动和过程不重复，但结果重复；对于"不可再现的"生态学实验，即不能贯彻"可再现原则"的生态学实验，可以通过"可重现的"实验，即通过相同的技术、方法、过程乃至理论负荷，通过"可重现原则"，实现另一种形式的"重复"——行动和过程的"重复"而结果"不重复"；对于"不可复现的"生态学实验，也可以通过另外两种"可重复原则"——"可重现原则"和"可再现原则"，获得"重现"和"再现"。

上述观点在国外学者那里，也有体现。菲德勒等认为，"复现"可以分为"直接复现"（direct replication）和"概念性复现"（conceptual replication）。"直接复现"尽可能接近原始研究，使用相同的概念、技术、方法等"重复"（repetition）实验；"概念性复现"是指"重复"过去研究中提出的理论或假说，但使用不同的方法，它的目的是测试基础的概念或假设。作为原始的研究，"概念性复现"可以使用不同的运作概念、测量方法、统计技术、干预手段和（或）工具来检验它们能否得出相同的结论。[①]"概念性复现"分析涉及对相同原始数

---

① Fidler F，Chee Y E，Wintle B C，et al. Metaresearch for evaluating reproducibility in ecology and evolution[J]. BioScience，2017，67（3）：4.

据集的分析，但是允许使用合理的替代路径、方法和模型。[①]

从上述菲德勒等对"直接复现"和"概念性复现"的定义看，前者对应于笔者所称的"重现"或"复现"，后者对应于笔者所称的"再现"。"直接复现"体现笔者的"可重现性原则"，"概念性复现"体现笔者的"可再现性原则"。对于那些不能在"可重现性原则"意义上"重复的"生态学实验，仍然可以按照"可再现性原则"的意义"重复"。当然，需要说明的是，这样的"重复"是否可行，是否是普遍存在的，是否具有更大的价值和意义等，仍有待探讨。

四、"可重复的"生态学实验，可以进行对照实验或"自然重现"

有这样一类生态学实验：规模宏大，设施复杂，所需的人力、物力、财力花费巨大，鉴于其已经完成，还真不能说不能"重复"它们，不过，肯定的是，"重复"它们所花的时间一般比较漫长，代价很大，有很大的现实限制，一般情况下，谁也不愿意"重复"这类实验。就此，如何对待呢？施纳泽和尤马（Uhlmann）认为，即使重复这类实验可行，也不一定非要现实地"重现"，可以换一个思路，选择另外一个方案："考虑到'复现'大规模生态研究的实际局限性，我们建议把人力和财力花费在新的、普遍的生态学理论的综合测试中。这能够改进以前大规模的、长期的、'复现'良好的研究方法，深入了解以前的发现是否普遍以及是否能够广泛地适用。这是在用一个更好的方式推进生态学领域的研究。"[②]

而且，他们进一步指出，即使花费大量的资金来"重现"这些研究是可行的，但是，如果发现原初的研究和重复（实验）研究之间存在明显的对比结果，我们能得到什么呢？当面临两个在效应大小上产生实质性差异的"重现"研究时，需要额外的"重现"研究来确定哪一个结果是最准确的。因此，在生态学研究中，"重现"的创新研究可以提供对"可重现性"的粗略估计，

---

① Silberzahn R，Uhlmann E L. Crowdsourced research：Many hands make tight work[J]. Nature，2015，526：189-191.

② Schnitzer S A，Carson W P. Would ecology fail the repeatability test?[J]. BioScience，2016，66（2）：99.

然而，要批判性地评估正在测试的研究，而不仅仅是测试它是否可实验"重现"，就需要大量进行随着时间和空间的变化而呈现"复现"的研究。[①]

这就是说，对于那些现实贯彻具有很大限制性的生态学实验，虽然可以按照"可重现原则"进行"重现"实验，以评价其"可重现性"，但是有可能得到差异性较大甚至很大的结果，导致这一"可重现"实验"不可再现"原初实验的结果，不能实现"可再现性原则"。此时，如何评价这两个实验，就成为一件困难的事情。鉴此情形，可转换思路，对原初实验不进行"可重现性"实验，而是选择同样的或类似的对象，进行随时间和空间变化的"可复现性"实验，明确其"复现"的程度，进行两个实验的比较，从而获得对原初实验和对照实验更加深入的认识和理解。这是一个更有价值的替代方案，不失为一种明智的选择。就此而言，施纳泽等的看法有一定道理。

上述选择可以看作是第一种替代方案。第二种替代方案就是尽可能通过自然实验进行"自然重现"（natural repeat），以替代人工实验，贯彻"可重现原则"。

在生态学野外实验中，难以对各种因素实现良好控制，因此很难设置"重现"。在此，如何降低入侵性和人工性，同时又不显著降低对各种因素的控制能力呢？一条路径是尽可能使用"自然重现"。"自然重现"是物理上明显的、空间上隔离的对象，对于目标变量本质上彼此独立。由于这些隔离和独立的性质，它们通常能够用作"重现"的单元，如岩石潭（海潮退去后被岩石围住的海水）、整个池塘或湖泊、不在同一树冠层的树木或灌木等。

"自然重现"有两个优点：第一，在实验"有效性"的水平上，"自然重现"受到的操纵是非侵入性的，它最大限度地代表了自然系统；第二，在实验设计和执行的水平上，"自然重现"较容易建立（因为基本结构已经存在了），也较容易操纵，只需要很小的物理干扰，维护起来也简单。如此"自然重现"的贯彻就可以自然地对某些实验进行"可重复性"检验，以贯彻"可重复原则"。

---

① Schnitzer S A，Carson W P. Would ecology fail the repeatability test?[J]. BioScience，2016，66（2）：99.

不过，必须清楚，利用"自然重现"，实际上是利用"自然实验"来达到"重现"某一实验的目的。由于自然实验通常利用自然中所发生的某些干扰（如火灾、泥石流、火山爆发等）作为"处理"来进行实验，而这些自然的力量完全不在实验者的控制之下，这决定了自然实验往往是"一过性"的、时过境迁的，本身也是极难设置重现的，由此找到与某一生态学实验相配套的自然实验，也是一件可遇不可求的事情。在生态学实验"可重复"考虑中，可将此作为一个选项，但不可对此抱有太多希望。

五、不能偏爱生态学实验的"可重复性"，而牺牲其"真实性"

鉴于生态学实验对象的特征以及生态学研究的目标，生态学实验不具有或很少具有完全的"可重复性"，或者完全的"真实性"，或者完全的"可重复性"和"真实性"，"可重复性"和"真实性"并不成正比。一个高"可重复性"、低"真实性"的生态学实验，是不可取的；相反地，一个高"真实性"、低"可重复性"的生态学实验，也是不可取的，更何况，此时，低"可重复性"的生态学实验，是无法甚至很难通过"可重复原则"对此加以检验的，其"真实性"也很难从经验上加以认定。如此，恰当的选择是，在"可重复性"和"真实性"间加以权衡。但是，这一点在生态学实验的实践中受到挑战。挑战之一是对"可重复原则"的挑战。

"可重复原则"是科学认识的一个基本原则，一项科学实验只有"可重复"并且事实上被"重复"，才能被科学共同体接受，也才能发表。在生态学实验普遍欠缺高的"可重复性"的情况下，能够"被重复"的生态学实验弥足珍贵。也正因为这样，在生态学实验实践中，能够得到"可重复的"生态学实验，是实验生态学工作者所孜孜以求的。如此，在生态学界，偏爱"可重复性"，也就在所难免了。

以生态学宇宙实验为例，它可分为生态学微宇宙实验、中宇宙实验和宏观宇宙实验。生态学微宇宙实验，又分为实验室微宇宙实验和野外微宇宙实验。

与野外实验相对照，实验室微宇宙实验一般研究的是代次短的和小的生物，由此使得它能够对这些生物进行实验操纵和监视，也经常能够得到比较充分的准确数据去直接地表达生态学理论，成为研究这些短寿命有机体的唯一途径。

　　一般而言，"微宇宙"是小的，通常人为地约束栖居者使其包含一种到多种类型的生物。"微宇宙"可以为所给予的小的生态系统模型如何响应某些控制处理提供洞见，并且还有助于建构关于真实的生态系统的行为和功能的假设。[①]"理想的'微宇宙'应该具有更大的、更自然的系统的足够特征，以便对它们的研究能够提供在较大尺度上运行的过程，或在更多的尺度上运行的普遍过程的见解。"[②]其优点在于：通过简化和缩微，可以实现对观测变量和处理的操作，易于重复，对环境变量能够准确控制，从而架起理论与自然现实之间的桥梁。况且，在一定程度上，某些生态学的原则超越了尺度，此时，微宇宙可以作为一个有价值的研究工具。

　　然而，必须清楚，生态学实验室微宇宙实验背景不是自然环境，而是实验室中设置的环境。这一环境往往是对自然环境的控制和简化，一些实验室外的影响实验室中相关格局的自然因素被隔离、控制甚至消除，而且在这一环境中也包含比自然群落中更少的物种，由此导致它的人工性更强，存在有意或者无意忽略自然系统中具有生态重要性因素的风险。而且，生态学实验室实验对于大尺度有机体是不适合的，因为在实验室环境的限制下，大尺度有机体不可能经历它们在自然界中的历程，完成它们在生态系统中的作用。如此，就使得实验室微宇宙实验大多确定性较高、"可重复性"较大、"真实性"较低。

　　野外微宇宙实验虽然在一定程度上避免了上述实验室微宇宙实验"真实性"较低的欠缺，而且也具有一定程度的"可重复性"，但是，它与生态学实验室微宇宙实验一样，也存在尺度限制问题，当将此实验结果外推时，仍然存在一定风险。劳勒（Lawler）讨论了"微宇宙"这种实验方法对生态学理论的检验，认为生态学的终极目的是认识自然，我们需要在自然系统中建立更多长期研究以了解哪种理论更好。微宇宙实验是一个有用的工具，能够检

---

① Kampichler C，Bruckner A，Kandeler E. Use of enclosed model ecosystems in soil ecology：A bias towards laboratory research[J]. Soil Biology & Biochemistry，2001，33（3）：269.

② Lawler S P. Ecology in a bottle：Using microcosms to test theory[M]//Resetarits W J，Bernardo J. Experimental Ecology：Issues and Perspectives. Oxford：Oxford University Press，1998：236.

验理论从数据应用到生物上是否有效。但是微宇宙实验是有限度的，尽管它能够促进理论的发展，但是，当将理论或实验室结果外推到自然系统时，仍然是有风险的。①奥登堡（Odenbaugh）针对某些怀疑论者认为使用瓶子实验（bottle experiments）（奥登堡将其定义为在受控环境中构建或维持一个种群、群落或生态系统以检验理论的预测和假定的实验）不能检验生态学模型进行了论证，认为如果一个模型对于自然系统是准确的，那么对于简单系统也应该是准确的，生态学实验是评价模型的重要一步。但是生态学实验与自然系统是不同的，在证据提供上是有限的。②

宏观宇宙实验，指的是在野外条件下采取某些措施，获得某些生态因素的变化对生态学系统及其他因素的影响。对于一些生态过程，可能只在大的尺度上运行，而且，某些大的、长期生活的生物可能具备不同于小的生物的特征，因此，用微宇宙去研究这样一些对象，是不可行的。由于宏观宇宙实验是在真实的世界（real world）进行的，因此，其"真实性"是高的。但是，必须认识到的是，由于宏观宇宙实验直接面对自然界，复杂性往往较高甚至很高，因此所获得的认识往往具有不确定性，实验的"可重复性"往往也是比较低的甚至很低。

中宇宙实验，是在野外模式系统（field model system）上进行的，允许实验单元具有更大的时空尺度。这就与自然条件更加类似，从而使得其"自然性"（或"真实性"）高于实验室微宇宙实验却低于宏观宇宙实验，"可重复性"低于实验室微宇宙实验却高于宏观宇宙实验，能够更好地实现"可重复性"与"真实性"之间的平衡。

综合上述论述，对于生态学宇宙实验，一个比较恰当的选择是：更多地进行野外微宇宙实验和中宇宙实验，在"真实性""可重复性"以及外推时的"恰当性"间保持平衡。

这点得到坎培里（Kampichler）等的支持。他们以土壤的生态学研究为例

① Lawler S P. Ecology in a bottle: Using microcosms to test theory[M]//William J. Resetarits W J, Bernardo J. Experimental Ecology: Issues and Perspectives. Oxford: Oxford University Press, 1998: 236.

② Odenbaugh J. Message in the bottle: The constraints of experimentation on model building[J]. Philosophy of Science, 2006, 73 (5): 720-729.

加以说明。他们认为，隔离的模型生态系统（enclosed model ecosystems）（或者微宇宙）在土壤生态学中已经成为一个主要的研究工具。以实验室为基础的微宇宙实验虽然可以获得快速的统计功效（statistical power）以及相应机理的洞见（mechanistic insights），但是，其也存在着不足：一是与野外情形相对比，在标准的实验室微宇宙中，空间结构和群落组成这两者都成为人工化的、低复杂性的存在，由此，其"真实性"是比较低的；二是从微宇宙的尺度放大到更大的尺度似乎是成问题的，尺度在某些生态学微宇宙实验中异常重要。[①]由此，他们坚持有关土壤的生态学研究还是应该更多地走向中宇宙实验。

实际情况怎样呢？坎培里等筛选了五种土壤生态学期刊，分别是《土壤生物学和生物化学》（*Soil Biology and Biochemistry*）、《生物学和土壤的肥性》（*Biology and Fertility of Soil*）、《应用土壤生态学》（*Applied Soil Ecology*）、《土壤生物学》（*Pedobiologia*）以及《欧洲土壤生物学杂志》（*European Journal of Soil Biology*），调查了它们 1994～1998 年所发表的论文中生态系统模型使用的频率情况，结果如下：在上述有关土壤生物学期刊刊载的 92 个生态系统模型研究中，只有 19 个是在野外进行的，其他都是在实验室中进行的。[②]这表明，土壤生态学家还是偏爱研究实验室中的生态系统模型而非野外的生态系统模型，换言之，他们还是偏爱生态学实验室微宇宙实验而非野外微宇宙实验或者中宇宙实验。

造成这种情况的原因是什么呢？坎培里等对此作了进一步研究，他们认为，出现这样的偏爱并不是在这些土壤生态学的研究中不需要野外模型，即使假设野外生态系统模型对于某些土壤生态学问题并不是必要的，实验室微宇宙还是被大大地过分考虑并表现出来。[③]他们通过研究发现，造成这种偏爱的原因除了微宇宙实验规模更小，需要更少的人力、物力和财力，最重要的原因是实验室微宇宙实验规模更小，实验持续时间明显比野外生态模型系统实验更短。他们对比了上述 92 份生态学实验相关研究的持续时间，实验室中

① Kampichler C，Bruckner A，Kandeler E. Use of enclosed model ecosystems in soil ecology: A bias towards laboratory research[J]. Soil Biology & Biochemistry，2001，33（3）：271.

② Kampichler C，Bruckner A，Kandeler E. Use of enclosed model ecosystems in soil ecology: A bias towards laboratory research[J]. Soil Biology & Biochemistry，2001，33（3）：272.

③ Kampichler C，Bruckner A，Kandeler E. Use of enclosed model ecosystems in soil ecology: A bias towards laboratory research[J]. Soil Biology & Biochemistry，2001，33（3）：273.

生态系统模型研究时长在 1～57 周，中位数是 8.6 周；在野外研究的时间明显更长，为 5.7～224 周，中位数是 27.5 周。[①] 由此，在一个相应的时间单元内，这些微宇宙实验结果更容易获得且允许进行更多的实验，实验研究成果也更容易发表在高影响因子的刊物上。

坎培里等的上述分析很有道理，但是，并没有涵盖全部。事实上，生态学家对微宇宙实验的偏爱并非只表现在实验室微宇宙实验上，也可以表现在野外微宇宙实验上。相比于生态学实验室微宇宙实验，偏爱野外微宇宙实验没有什么不好，只要不过分偏爱。不过，如果相较于中宇宙实验，过分偏爱野外微宇宙实验，则就是不恰当的。对这种偏爱微宇宙实验的倾向，在坎培里等之前，卡朋特（Carpenter）就对类似现象作了批判性考察，认为造成这一现象的原因是：为了更加方便地展开研究，形成论文；建构和维持微宇宙的费用可能是适宜的；微宇宙保留了大学中的职员，管理机构希望他们这样；更为重要的是，微宇宙有利于快速发表实验结果以达到事业发展的目标。[②] 这是其一。

其二，根据笔者的分析，上述土壤生态学家对实验室微宇宙实验而非野外微宇宙实验和中宇宙实验的偏爱，还可能由于它们的可重复性较差。具体而言就是：在野外微宇宙实验和中宇宙实验中，虽然实验结果的"真实性"更高，但是，其"可重复性"更差，而且，更重要的是，要保证实验结果的"有效性"，实验结果又必须在统计学上具有显著性，这又增加了"可重复性"的艰难，如此，进行这样的实验就更难，重复这样的实验就更难，这样，可能更加真实的实验结果的"正确性"就更难保证，发表这样的实验结果也更难。出于这样的考虑，生态学实验者仍然偏爱实验室宇宙实验而非其他，特别是野外微宇宙实验，就是可以理解的了。

对于上述状况，一定要加以改善，一定要清楚地意识到实验室微宇宙实验虽然能够更容易进行和更容易重复并更容易发表，但是，其"真实性"一般而言是较差的，应该更多地依据生态学学科以及实验研究的核心问题来选

① Kampichler C，Bruckner A，Kandeler E. Use of enclosed model ecosystems in soil ecology：A bias towards laboratory research[J]. Soil Biology & Biochemistry，2001，33（3）：274.

② Carpenter S R. Microcosm experiments have limited relevance for community and ecosystem ecology[J]. Ecology，1996，77（3）：677-680.

择实验类型，更多地从实验室微宇宙实验走向野外微宇宙实验和中宇宙实验，以获得"可重复性"与"真实性"之双赢。否则，就会出现生态学实验的"可重复偏爱"和"发表偏爱"，导致生态学实验研究的"高的可重复性"和"低的真实性"。这被劳顿（Lawton）称为"盲道"："在人工的隔离的环境中作业，来保证一个高度复现的、控制良好的人工性研究——不会在野外出现的过程。"①

六、不能偏爱生态学实验的"真实性"，损害其"可重复性"

在某些时候，生态学实验需要随机选择实验单元，涉及对照组，进行显著性检验。显著性检验事实上是要统计"如果原假设为真，而检验的结论却要你放弃原假设"之错误出现的概率水平。一般来说，显著性水平越小，出现错误的概率越低，"真实性"越大，越能够被人们所接受，从而也越容易发表。也正因为这样，相关"显著性检验"得到生态学实验者的普遍重视，甚至形成"显著性偏爱"（significant bias）。

2003 年，珍宁斯（Jennions）和莫勒（Moller）通过 40 个项目的元分析，发现其中 38%（40 个项目中的 15 个项目）的数据集显示缺失非显著性研究。而且，他们发现，虽然元分析项目的 95% 显示了统计显著性结果（40 个项目中的 38 个项目），但是在校对这些发表偏爱之后，最初显示统计显著性结果的元分析中的 15%～21% 不再显著。由此，他们警告说，生态学中普遍存在"显著性研究偏爱"（significant studies bias）现象。②

生态学实验中"显著性偏爱"是存在一定问题的。它指的是生态学实验者为了表明实验数据统计显著性检验的"有效性"，而在有意或无意间造成符合"显著性水平"的统计结果。这样的"显著性偏爱"，表面上增加了生态学实验的"真实性"，但是事实上却减少了生态学实验研究的"正确性"，从而导致事实上的生态学实验的可复现困难；虽然它能够更容易被发表，但是发表出来的显著性检验是不恰当的。

① Lawton J H，Size matters[J]. Oikos，1999，85（1）：19-21.

② Jennions M D，Moller A P. A survey of the statistical power of research in behavioral ecology and animal behavior[J]. Behavioral Ecology，2003，14（3）：438-445.

　　为了改善这种状况，就需要识别"有关统计显著性方面的偏爱"并进一步加以改进。菲德勒等对此进行了研究。他们认为"在一个没有偏爱的文献中，显著性研究的比例应该与已发表研究的平均统计功效大致相当。当文献中显著性研究的比例超过平均水平时，偏爱很可能在发挥作用。发表偏爱可能会导致假阳性误差率（false positive error rate），相比已经发表和被接受的假阳性率（通常在标准的统计测试中为 5%），远远超出了预期，并且可能导致对统计功效（statistical power）量的高估"[1]。他们计算了已经发表的研究样本的平均统计功效（如所有在指定期刊上发表的每 12 个月期限内的文章）和在同一样本中统计显著性研究的比例，以一种更直接、更引人注目的方式展现统计显著性"发表偏爱"[2]。具体见表 5-5。

表 5-5　生态研究统计效力的现有估计[3]

作者	研究主题	功效尺度的强度估计（ES）		
		小的 ES	中的 ES	大的 ES
帕里斯（Parris）和麦卡锡（McCarthy）[4]	剪趾法青蛙效应（<10 项研究）	6%～10%	8%～21%	15%～60%
珍宁斯（Jennions）和莫勒（Moller）[5]	行为生态学（来自 10 种期刊 697 篇文章中的 1362 个测试）	13%～16%	40%～47%	65%～72%
史密斯（Smith）等[6]	动物行为[《动物行为学杂志》（Animal Behaviour）278 个测试]	7%～8%	23%～26%	—

　　在此基础上，菲德勒将法内利（Fanelli）的研究结果与表 5-5 中的数据进行比较，发现法内利的研究结果——正面结果（positive results）在发表的环境学或生态学文献中，所占比例是 74%；在植物和动物科学的相关领域，预

① Fidler F，Chee Y E，Wintle B C，et al. Metaresearch for evaluating reproducibility in ecology and evolution[J]. BioScience，2017，67（3）：283-284.
② Fidler F，Chee Y E，Wintle B C，et al. Metaresearch for evaluating reproducibility in ecology and evolution[J]. BioScience，2017，67（3）：287.
③ Fidler F，Chee Y E，Wintle B C，et al. Metaresearch for evaluating reproducibility in ecology and evolution[J]. BioScience，2017，67（3）：284.
④ Parris K M，McCarthy M A. Identifying effects of toe clipping on anuran return rates：The importance of statistical power[J]. Amphibia-Reptilia，2011，22（3）：275-289.
⑤ Jennions M D，Moller A P. A survey of the statistical power of research in behavioral ecology and animal behavior[J]. Behavioral Ecology，2003，14（3）：438-445.
⑥ Smith D R，Hardy I C W，Gammell M P. Power rangers：No improvement in the statistical power of analyses published in Animal Behaviour[J]. Animal Behaviour，2011，81（1）：347-352.

估比例与其相似（78%）[1][2]，远高于表 5-5 中所展现的这些领域的预期的中等尺度的最高平均统计功效（40%～47%），出现超出实际统计显著性和比预期更高的误检率的情况。由此他得出结论，法内利研究所得出的"出于偏爱积极结果而导致统计显著性增加"的结论是成立的，在生态学实验中是存在统计显著性偏爱的。[3]

菲德勒等量化"统计显著性偏爱"的做法，值得我们借鉴，这对于我们了解当前生态学实验统计显著性研究状况及其合法性，具有重要价值。

七、不能嫌弃生态学实验的负面结果，不进行重复实验

获得正面结果是所有科学研究者的追求。这点在生态学实验研究者中也不例外，因为一旦实验者获得了正面结果，就意味着相应研究与其他研究者的研究相一致，或者已经被其他研究者按照"可重复原则"进行了重复，或者虽然没有重复，但是，能够得到其他研究者更大范围和更大程度的承认，其"正确性"有了更大保证，也更容易发表。如此，对于某些生态学实验者，就有意或无意偏爱正面结果。这点得到法内利研究的支持。[4][5]

相反地，一旦得到负面结果（negative results），往往表示这样的研究结果与公认的其他研究者的研究结果不相符合，甚至不能经验地与流行的、公认的理论和数据一致，也就很难被其他研究者接受，更不会被其他研究者按照实验的"可重复原则"加以重复检验，因而，也就很难发表。这样一来，在经历多次投稿和退稿后，那些包含负面结果的论文很可能会被丢在一旁。这也使得生态学家相信，发表那些正面结果与他人进行交流并推广，要比竭力发表那些可能真实但不受待见的负面结果更容易也更可取。对正面结果的偏

① Fanelli D. "Positive" results increase down the hierarchy of the sciences[J]. Plos One，2010，5（4）：e10068.

② Fanelli D. Negative results are disappearing from most disciplines and countries[J]. Scientometrics，2012，90（3）：891-904.

③ Fidler F，Chee Y E，Wintle B C，et al. Metaresearch for evaluating reproducibility in ecology and evolution[J]. Bioscience，2017，67（3）：284.

④ Fanelli D. "Positive" results increase down the hierarchy of the sciences[J]. Plos One，2010，5（4）：e10068.

⑤ Fanelli D. Negative results are disappearing from most disciplines and countries[J]. Scientometrics，2012，90（3）：891-904.

爱是与对负面结果的嫌弃紧密关联在一起的。

事实上，上述做法是不可取的。生态学研究对象是复杂的，对生态学研究对象进行实验也是复杂的，一种普遍性的、放之生态学乃至科学领域都成立的认识是不常见的，得到与所谓的正面结果相违背的"负面"结果，是经常的、情理之中的，甚至是真实的。如果一味肯定正面结果而拒斥负面结果，甚至不分青红皂白不予投稿或发表，那么，表面上是对生态学实验的"可重复性"及"真实性"的坚持，事实上增加了相关认识的错误，从而实际上导致"可重复"的艰难甚至不可行。这对生态学实验的"可重复原则"以及"真实性"都是一个损害。

鉴此，就要改变对待负面结果的态度，从研究者、审稿人以及期刊编辑着手加以改进。对于研究者，如果得出负面结果，就要分析其原因，明确负面结果和与此相对的正面结果之间有什么不同，创造条件进行"可重复"检验，详细地说明和论证，以明确其是否成立并投稿；对于审稿人和期刊编辑，一旦遇到负面结果的论文，不要一棍子打死，而要深入研讨，明确该论文中"负面"结果的得出是否合理，是否得到"可重复"检验，是否有意义，等等，然后再决定是否同意发表该论文。施纳泽和卡森就建议，如果研究使用适当的实验设计，并且达到与之前影响较大的研究一致的复现水平，那么，生态学会，如美国和英国的生态学会，应当在一个新的"负面"结果的部分，鼓励将"负面"结果提交到他们的开放获取在线期刊（open-access online journals）上。①

总之，生态学实验的"可重复原则"的应用与传统科学是不一样的。在传统科学那里，"不可重复的"或者低的"可重复性"实验是很少的，因此，"可重复原则"的应用是普遍的，而在生态学这里，"不可重复的"或者低"可重复性"的实验较多甚至很多，因此，"可重复原则"的应用就不像传统科学那样普遍，能重复的重复，不能重复的确实不能重复；在传统科学那里，实验的"可重复性"常常是很高的，按照同样的"可重复原则"进行"重复"实验，是普遍的策略，而在生态学这里，实验的"可重复性"往往是比较低

---

① Schnitzer S A，Carson W P. Would ecology fail the repeatability test?[J]. BioScience，2016，66（2）：99.

的，鉴此，应该可以按照不同的"可重复原则"进行"重复"，甚至通过"自然实验"加以"重复"；在传统科学那里，实验的"可重复性"与"真实性"一般成正比，因此，提高"可重复性"与提高"真实性"成了同一事物的不同方面，但是，在生态学这里，实验的"可重复性"与"真实性"一般成反比，由此，选择合适的实验类型，客观对待"显著性水平"以及"负面"结果，权衡实验的"可重复性"与"真实性"，就成为必需。

表面看来，本书所言的生态学实验"可重复原则"应用策略，是对科学实验"可重复原则"的弱化，但是，事实上是对这一原则在生态学实验中的应用的强化。它没有否定科学实验的"可重复原则"，更没有否定这一原则在生态学实验中的应用，而是为了更好地在生态学实验中贯彻这一原则。

第六章
生态学实验的"伪复现"辨正

　　对于生态学实验，可重复的困难及克服是一个方面，"伪复现"的出现是另外一个重要方面。自从赫尔伯特提出生态学实验"伪复现"的概念后，得到世界范围内生态学家的广泛重视。有些生态学家认为"伪复现"是一个"伪问题"（pseudoissue）；有些生态学家认为生态学实验的"伪复现"难题随着统计技术的发展已经被解决；还有的生态学家认为，"伪复现"问题并没有解决，而且还比较严重。谁是谁非，需要我们深入分析。考察国内生态学界，对这一论题几乎没有涉及，因此，有必要对这一论题展开广泛的探讨，以回答以下问题："伪复现"的分类及其内涵如何？"伪复现"真的是一个"伪问题"吗？国内外"伪复现"的现状如何？应该如何走出"伪复现"的陷阱？

第一节　生态学实验"伪复现"的分类

　　生态学实验的"伪复现"有不同类型。赫尔伯特把"伪复现"分为"简单伪复现"（simple pseudoreplication）、"时间伪复现"（temporal pseudoreplication）和"牺牲伪复现"（sacrificial pseudoreplication）三种类型，如图6-1所示。其中，阴影框和白框表示接受不同处理的实验单元，每个点表示一个样本或测量。

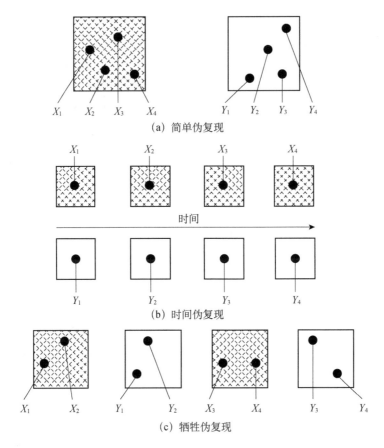

图 6-1　三类最常见的"伪复现"图示[①]

一、简单伪复现

根据图 6-1 中"简单伪复现"的图示，所谓"简单伪复现"，就是实验没有设置处理（和对照）的复现，只有一个处理和一个对照。在实验过程中，分别对处理（阴影框）和对照（白框）进行了 4 次测量或取样，分别为 X_1、X_2、X_3、X_4 和 Y_1、Y_2、Y_3、Y_4。在进行统计分析的时候，将 X_1、X_2、X_3、X_4 当成处理的 4 个复现的（或来自 4 个实验单元的）值，将 Y_1、Y_2、Y_3、Y_4 当成对照的 4 个复现的（或来自 4 个实验单元的）值。

① Hurlbert S H, White M D. Experiments with freshwater invertebrate zooplanktivores: Quality of statistical analyses[J]. Bulletin of Marine Science，1993，53（1）：204.

例如，为了研究某种施肥对土壤微生物生物量的影响而设置了两个试验小区，其中一块施加施肥处理而另一块施加对照处理；一段时间以后分别在两个样地各取样 n 个；认为这是有 n 个复现的试验而对两个区的调查结果进行统计检验。这个例子就是一个"简单伪复现"的试验设计。

事实上，这个试验设计在基本逻辑上存在漏洞：任何两个试验小区，即使在不进行任何处理的情况下，土壤微生物的生物量也不相同，而且只要取样量（n）足够大，这种差异就一定能达到统计上显著的水平。[①]如果任何两个小区之间本来就是显著不同的，又怎么能说是处理导致了这两个小区的差异呢？

从上述的例子可以看出，所谓"简单伪复现"，就是："每个处理只有一个实验单元，但是对这单个实验单元进行了多个测量，这些测量在统计处理时被看作独立的实验单元。本质上，'简单伪复现'是实验单元和评价单元混淆的结果。评价单元被定义为能够进行测量的实验单元上的部分。例如，实验单元如果是一个水族箱，那么评价单元就是其中的桡足动物（copepod）或取自其中的水样。"[②]

赫尔伯特认为，"简单伪复现"是生态学野外实验中最常见的一种伪复现类型，因为当生态学要研究非常大的尺度的生态学系统，如整个湖泊、流域、河流等时，复现通常是不可能的或不需要的。但如果对来自没有复现的实验的数据进行统计、分析、推论，如显著性检验，则会导致"简单伪复现"的错误。

这点在中国生态学实验中也有体现。如常建国等对 5 种林分土壤特性的观测就是"简单伪复现"。[③]因为在他们的观测中，每个林分类型也仅仅设置一个样地，其中随机设置 5 组断根样方和 10 组非断根样方，这样一来，虽然样方有多个复现，但是实验单元即林分却没有复现。

二、时间伪复现

根据图 6-1 中的"时间伪复现"的图示，所谓"时间伪复现"，就是实验

---

① Hurlbert S H. Pseudoreplication and the design of ecological field experiments[J]. Ecological Monographs，1984，54（3）：187-211.

② Hurlbert S H，White M D. Experiments with freshwater invertebrate zooplanktivores：Quality of statistical analyses[J]. Bulletin of Marine Science，1993，53（1）：130.

③ 常建国，刘世荣，史作民，等. 北亚热带-南暖温带过渡区典型森林生态系统土壤呼吸及其组分分离[J]. 生态学报，2007，27（5）：1791-1802.

者没有设置处理（和对照）的复现，只有一个处理和一个对照。在实验过程中，在连续的时间上分别对处理（阴影框）和对照（白框）进行了 4 次测量或取样，分别为 X_1、X_2、X_3、X_4 和 Y_1、Y_2、Y_3、Y_4。在进行统计分析的时候，将 X_1、X_2、X_3、X_4 当成处理的 4 个复现的（或来自 4 个实验单元的）值，将 Y_1、Y_2、Y_3、Y_4 当成对照的 4 个复现的（或来自 4 个实验单元的）值。

具体而言，即在生态学实验中，不是同时从每个实验单元采集多个样本，而是若干时期内按时间顺序进行采集，并用采集日期代表复现处理，然后应用显著性检验。由于从单个实验单元采集的一系列样本如此明显地彼此相关，就会导致"时间伪复现"。

对"时间伪复现"深入分析，可以发现，"在其最简单的形式上，除了对实验单元的多次测量在时间上是连续的，其他都类似于'简单伪复现'。如果对给定实验单元的连续测量在统计上被看作是代表了不同的实验单元，就产生了'时间伪复现'"[1]。

这种"时间伪复现"也是常常发生的。"在生态学的试验中经常有这样的情况，即对同一个试验单位（一株植物、一个动物或者一个试验小区）在时间序列上反复（repeated）抽样并进行测定，时间间隔以天或年为单位。这种试验设计下获得的同一个试验单位系列观测值，不能视为复现。"[2]如骆宗诗等对 4 种林分类型连续进行了 3 年观测。[3]但是从论文中可以看出，作者将每一年的凋落物观测值看作一个复现，然后进行了方差分析。这样实际上就犯了"时间伪复现"的错误。

三、牺牲伪复现

根据图 6-1 中的"牺牲伪复现"的图示，所谓"牺牲伪复现"，就是实验设置了处理（和对照）的两个复现（阴影框和白框各两个）。在实验过程中，

---

[1] Hurlbert S H，White M D. Experiments with freshwater invertebrate zooplanktivores：Quality of statistical analyses[J]. Bulletin of Marine Science，1993，53（1）：130.

[2] 牛海山，崔骁勇，汪诗平，等. 生态学试验设计与解释中的常见问题[J]. 生态学报，2009，29（7）：3901-3910.

[3] 骆宗诗，向成华，慕长龙. 绵阳官司河流域主要森林类型凋落物含量及动态变化[J]. 生态学报，2007，27（5）：1772-1781.

对处理的第一个复现(或处理的第一个实验单元,即第一个阴影框)进行两次测量或取样,分别为 X_1、X_2;对处理的第二个复现(或处理的第二个实验单元,即第二个阴影框)进行两次测量或取样,分别为 X_3、X_4;对对照的第一个复现(或对照的第一个实验单元,即第一个白框)进行两次测量或取样,分别为 Y_1、Y_2;对对照的第二个复现(或对照的第二个实验单元,即第二个白框)进行两次测量或取样,分别为 Y_3、Y_4。

照此,处理的两个复现的两组测量数据 X_1、X_2 和 X_3、X_4 之间可能存在某种差异,可以反映处理复现之间的某些信息。但是,出于某种原因,在进行统计分析之前,将处理的两个复现的两组测量数据 X_1、X_2 和 X_3、X_4 进行数据合并,即合并为一组数据 X_1、X_2、X_3、X_4;并将对照的两个复现的两组测量数据 Y_1、Y_2 和 Y_3、Y_4 进行数据合并,即合并为一组数据 Y_1、Y_2、Y_3、Y_4。如此,在进行统计处理的时候,将 X_1、X_2、X_3、X_4 当成处理的 4 个复现(或来自 4 个实验单元的)值,将 Y_1、Y_2、Y_3、Y_4 当成对照的 4 个复现(或来自 4 个实验单元的)值,结果把原来设置了复现的实验经过这样的合并数据,使原来复现之间的信息也被"牺牲掉了"。故赫尔伯特称之为"牺牲伪复现"。

概括而言,所谓"牺牲伪复现"指的是,当一个实验设计把一个实验单元所采集的两个或以上的样本或进行的测量看作独立复现时,是处理的真正复现。但是,当其中来自真正复现的数据在统计分析之前被合并,或者实际上当来自两个或两个以上复现的样本被汇集起来时,这就会导致原始数据中本来存在的处理复现间的变化的信息,与样本间(复现内)的变化混杂在一起,相关的有效复现的信息被"牺牲"了。[①]

到了 1993 年,赫尔伯特和怀特(White)对"牺牲伪复现"作了进一步阐述:当每个处理的实验单元(n)数量为 2 或更多,每个实验单元所测量的评价单元(k)数量为 2 或更多时,分析忽视了每个处理的一组 n、k 测量的结构,并将每个测量看成代表了处理的复现。这样的分析就构成了"牺牲伪复现"。因为它们忽视了或"牺牲了"将总差异分为"实验单元间的"和"实验单元内"的差异,并进而进行有效分析的机会。如果对实验单元的复现测量在时

---

① Hurlbert S H. Pseudoreplication and the design of ecological field experiments[J]. Ecological Monographs,1984,54(3):205.

间点上是连续的，则忽视了每个处理的 n、k 测量中结构的分析。这可以被称为典型的"牺牲伪复现"和"时间伪复现"。[①]

格兰特（Grant）等的一项研究对"牺牲伪复现"进行了说明。[②]这项研究想要解决的问题是，狐狸的捕食会影响田鼠种群的性别比例吗？实验设计是这样的，在一个有狐狸进行捕食的较大田地中建立 4 个 1 公顷的实验区块（plots），随机选择两个区块（B_1 和 B_2）进行围栏，使得狐狸不能入内，把另外两个区块（A_1 和 A_2）作为对照（controls）。1 个月后对每个区块中的田鼠种群进行取样，取样数据及数据处理方式见表 6-1。

表 6-1 "牺牲伪复现"的例子

分类	区块	取样结果			统计分析
		雄性比例/%	雄性个数/头	雌性个数/头	
		分开的数据			
有狐狸	A_1	63	22	13	检验均一性，卡方结果：$\chi^2 = 0.019$，$P > 0.50$，所以合并数据
	A_2	56	9	7	
无狐狸	B_1	60	15	10	检验均一性，卡方结果：$\chi^2 = 2.06$，$P > 0.15$，所以合并数据
	B_2	43	97	130	
		合并的数据			
有狐狸	$A_1 + A_2$	61	31	20	检验均一性，卡方结果：$\chi^2 = 3.19$，$P < 0.05$，结论：狐狸的捕食影响田鼠种群的性别比例
无狐狸	$B_1 + B_2$	44	112	140	

在表 6-1 中，合并数据是错误的。首先，A_1 中捕获的 35 只田鼠可被看作 35 个独立的观察，A_2 中捕获的 16 只也是如此。因此，应用卡方检验[③]来比较这两个区块的性别比例是有效的（虽然不太切题）。但是，当这两个区块的数据被合并，成为 51 个观察，它们就不是独立的了，而是代表了相互依赖的或相关的两组观察。其次，合并处理的复现，就丢失了复现的区块之间的变异性信息，而没有这些信息就没有恰当的方法来评价处理之间的差异显著性。

---

① Hurlbert S H，White M D. Experiments with freshwater invertebrate zooplanktivores: quality of statistical analyses[J]. Bulletin of Marine Science，1993，53（1）：130.

② Grant W E，French N R，Swift D M. Response of a small mammal community to water and nitrogen treatments in a shortgrass prairie ecosystem[J]. Journal of Mammalogy，1977，58（4）：637-652.

③ 卡方检验，即 χ^2 检验，是验证两个总体间某个比率之间是否存在显著性差异的一种假设检验方法。

当处理没有被复现，应用卡方检验来比较处理区块和对照区块的性别比例时，检验的只是位置的差异，而不是处理效应。通常，如果实验者没有认识到这一点，就会犯"简单伪复现"的错误。而当每个处理有两个复现的区块，但把两个复现的采样数据复现合并，并对合并数据进行卡方检验，这相当于仍然是检验一个处理区块和一个对照区块的性别比例。但由于实际上设置了处理的复现，只是在数据合并过程中复现被"牺牲了"，因此，这种错误被称为"牺牲伪复现"。赫尔伯特认为，卡方检验可以被用来检验两个种群之间的性别比例，但是不能被用来检验不同处理下的两个种群和两个种群之间性别比的差异。正确的做法是，不要使用卡方检验，而应该代之以其他统计方法，如 t 检验、U 检验或方差分析（ANOVA）等。

结合上述定义和前面的分析，可以认为"伪复现"是在以下几种情形下发生的错误。

（1）实验没有设置处理（和对照）的复现，而只有一个处理和对照，对处理和对照进行了多次测量，在统计分析时，将多次测量得到的数据当成了多个复现的数据（或来自多个实验单元的值）来处理。这是"简单伪复现"。

（2）实验没有设置处理（和对照）的复现，而只有一个处理和对照，在连续的时间上，对处理和对照进行了多次测量，在统计分析时，将多次测量得到的数据当成了多个复现的数据（或来自多个实验单元的值）来处理。这是"时间伪复现"。

（3）实验设置了处理（和对照）的多个复现，也测量得到了每个复现的多个数据，获得了多组来自复现的数据。但在统计分析之前，将同一处理下多组来自不同的复现的数据合并为一组数据，在统计分析时，将合并后的数据当成了来自多个复现的数据（或来自多个实验单元的数据，实际上，这些数据中有的是来自同一实验单元的数据）来处理。这是"牺牲伪复现"。

（4）实验设置了处理（和对照）的多个复现，也正确地利用来自不同复现的数据进行统计分析。但是，由于处理复现之间不独立（或者说实验单元之间不独立），例如虽然对处理复现采取了隔离和随机化措施，但是没有真正地穿插分散，最终导致处理复现之间不独立，所获得的来自各个复现的数据丧失了统计独立性，也导致"伪复现"的发生。由于在这种情况下，每个处理下所设置的多个复现等同于一个复现，所以这种情况等同于"简单伪复现"的情形。

进一步地，赫尔伯特对"简单伪复现"作了进一步分析，并提出改进措施，见图 6-2。具体内涵在本章第四节详细阐述。

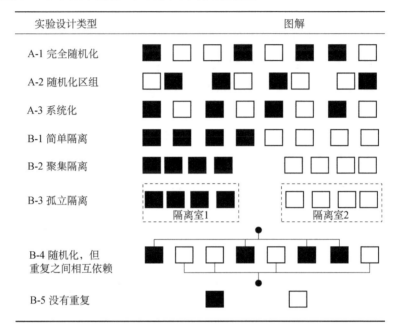

图 6-2 穿插分散两个处理复现的各种可接受方式（A）
和违背了穿插分散原则的各种方式（B）[①]

其中，小方块代表实验单元（或复现，黑白方块代表不同处理的复现），可以是实验台上的水族箱，一连串的水池，或一行小块实验地，具有在田间或潮间带中的真实的或想象的边界。假定每个实验单元都不受同一处理下其他实验单元的影响，并且接受了诸如引入鱼类、施加杀虫剂、移除海星等处理

第二节 生态学实验"伪复现"的真假之辨

赫尔伯特提出生态学实验"伪复现"后，受到生态学界的高度重视。赞成者有之，反对者亦有之。21 世纪以后，情况有所不同，出现了几位重要的对赫尔伯特"生态学实验'伪复现'"的批判者。瑞典学者奥克萨宁、俄罗斯

① Hurlbert S H. Pseudoreplication and the design of ecological field experiments[J]. Ecological Monographs，1984，54（2）：193.

学者塔塔尔尼科夫、美国学者尚克等进行了专门研究，展开了深入批判。有学者甚至认为，"生态学实验'伪复现'是一个'伪问题'"。这遭到赫尔伯特等的反驳，他们认为，"生态学实验'伪复现'仍然是一个'真问题'"。由此引发"生态学实验'伪复现'究竟是一个'真问题'还是'伪问题'"的争论。谁是谁非？需要甄别。

一、奥克萨宁的批判及考特尼等对其的反驳

（一）奥克萨宁对赫尔伯特"生态学实验'伪复现'"的批判

1. "非复现实验"可能是更好的选择

奥克萨宁认为，对于生态学来说，其最终目标是理解生命所依赖的大尺度生态系统的动力学，从而为自然资源的可持续利用以及生物多样性保护等提供科学基础。在这些系统中，有些重要的问题可以在有限的空间和时间中处理，有些则做不到。对于后者，奥克萨宁认为有 4 种备选方案来解决这一问题：第一种方案是利用微宇宙实验来模拟大尺度系统；第二种方案是关注大尺度系统中的短暂动态；第三种方案是在实验中设置对照的复现，而不设置处理的复现；第四种方案是进行"非复现实验"。这最后一种方案又有两种情况，即实验者要么避免使用推论统计，称为"4（a）"，要么关注处理和对照之间的空间差异使用了推论统计，从而进行了"伪复现"实验，称为"4（b）"。[①]

不过，奥克萨宁认为上述前三种方案具有局限性：第一种方案仅仅是一个初步的过程，由于它是在模拟自然条件下得到的结果，还需要在真实的条件下进一步实验；第二种方案仅仅是对短暂动态的研究，其结果的可信度不高，因为如果从更长的时间尺度来看，得到的结果会不同；第三种方案没有设置处理的重复，往往无法区分出无关因素的干扰。[②]

在这种情况下，奥克萨宁倾向于第四种方案。他认为，试图设置复现设计，在大的空间和时间尺度上进行实验，是极其昂贵的，而如果将经费更多地分配到"非复现实验"（无论是称之为"伪复现"还是其他什么东西）上，则有可能

---

① Oksanen L. Logic of experiments in ecology：Is pseudoreplication a pseudoissue?[J]. Oikos，2001，94（1）：28.

② Oksanen L，Oksanen T. The logic and realism of the hypothesis of exploitation ecosystems[J]. The American Naturalist，2000，155（6）：703-723.

比设置了复现的实验提供更多的信息，研究也会总体上获得更多进步，并且还可以利用元分析弥补研究结果的"精确性"。他进一步认为，对于一种合理检验涉及大尺度系统预测的方法，即在大尺度系统上进行非复现实验，并进行统计检验，是允许的，赫尔伯特将此称为"伪复现"是毫无根据的污蔑。[①]

2. 不应当反对在"生态学'非复现实验'"中使用推论统计

奥克萨宁对赫尔伯特所提出的"生态学实验'伪复现'"的批评，主要不是针对"非复现实验"，而是针对"非复现实验"中是否使用了推论统计，即主要针对上面所指的4（b），并给出了相应的观点。

第一，如果以此来认定生态学实验，则"伪复现"太多了。奥克萨宁认为，赫尔伯特之所以有上述看法，是因为他没有深刻了解描述性研究。在这些研究中，仍然存在大量对空间和时间差异的统计检验。如果在赫尔伯特所谓的"生态学实验'伪复现'"中这也算错误，那么这些"错误"在1950~1990年[②]就被广泛接受了，并且相关研究人员在三个最有影响力的生态学期刊上（*Ecology*、*The American Naturalists*、*Journal of Animal Ecology*）发表了大量此类文章，占所有文章总数的比例稳定在25%左右。[③]

第二，在生态学实验中，"推论统计"的作用有很多。赫尔伯特认为，在"生态学'伪复现实验'"中使用推论统计是错误的，因为没有复现，统计学只能告诉我们自然界在空间上的差异，实际上这不用说我们也是知道的。[④]奥克萨宁提出，当讨论使用和滥用推论统计学时，赫尔伯特忘记了"推论统计学并非仅仅回答统计总体是否能被看作不同"这一问题，它也允许我们评价两种统计总体上至少有多大程度的不同、它们的时间格局是否不同以及许多其他方面；如果不使用推论统计学，那么在对数据集的非统计表述中，作者仅仅呈现出了他的样本，就要求读者盲目地相信样本中的格局代表了采样的

① Oksanen L，Oksanen T. The logic and realism of the hypothesis of exploitation ecosystems[J]. The American Naturalist，2000，155（6）：703-723.
② 在奥克萨宁2001年的论文中（Oksanen，2001，p31），对"Ives，et al.，1996"的文献引用有误，将该文献发表年份误认为"1966"，将该文献对"描述性研究"统计的时间段误为"1985~1995"（实际为"1950~1990"），并且将后面的比例估算为"约20%"，这是不准确的，应为约25%。
③ Ives A R，Foufopoulos J，Klopfer E D，et al. Bottle or big-scale studies：How do we do ecology?[J]. Ecology，1966，77（3）：682.
④ Hurlbert S H. Pseudoreplication and the design of ecological field experiments[J]. Ecological Monographs，1984，54（3）：187-211.

统计总体中的格局，这样对读者来说是粗鲁的和无礼的。[①]

第三，在某些情况下，只能使用"推论统计学"。按照赫尔伯特的判断，方案 4（b）的实施就是在进行"非复现实验"的同时，使用推论统计，他将其称为"生态学实验'伪复现'"，在他看来，在这种情况下不能使用推论统计。[②]不过，奥克萨宁不同意这种观点，他通过一个概率统计的公式对此进行了反驳，认为在这种情况下只能借助于推论统计。[③]

奥克萨宁认为，所谓的"经典伪复现"的逻辑可以被总结为如下：令 p_0 为在零假说（没有真正的处理效应）之下，获得的处理和对照之间差异的概率；令 p_v 为获得的由样本和测量误差以及采样点内随机变异性而产生的差异的概率；令 p_l 为除了处理之外，某些局部因素会是导致差异性的原因的概率。根据概率计算的基本规则我们将会得到一个公式：

$$p_0 = 1 - (1 - p_v)(1 - p_l) = p_v + p_l - p_v p_l \qquad （6-1）$$

p_v 值是根据推论统计学得到的。p_l 值应该根据生物学推理（biological reasoning）得到，这涉及系统的专门的知识。在经验丰富的生态学家同意 $p_l \approx 0$ 的情况下，p_0 的值就只能直接从推论统计学中得到了。

3. 根据"混合处理"认定所有的生态学实验为"伪复现"，有失偏颇

奥克萨宁将本章图 6-2 中"B-4 随机化，但重复之间相互依赖的复现"这种实验设计称为"混合处理"。他认为，"混合处理"的本质是，意外的副效应导致了处理与对照之间统计上的显著性差异，这样的问题在所有的实验中都存在。而且，即使实验者意识到了，也不可能消除那些副效应。[④]

一个经典例子是，捕食者排除实验固有的"栅栏效应"（fence effect），即当排除捕食者的时候，也会阻止被捕食者的移动，这可能具有种群动态的结

① Oksanen L，Oksanen T. The logic and realism of the hypothesis of exploitation ecosystems[J]. The American Naturalist，2000，155（6）：703-723.

② Hurlbert S H. Pseudoreplication and the design of ecological field experiments[J]. Ecological Monographs，1984，54（3）：187-211.

③ Oksanen L，Oksanen T. The logic and realism of the hypothesis of exploitation ecosystems[J]. The American Naturalist，2000，155（6）：703-723.

④ Oksanen L，Oksanen T. The logic and realism of the hypothesis of exploitation ecosystems[J]. The American Naturalist，2000，155（6）：703-723.

果。因此，如果"伪复现"概念在一个更宽的意义（包括混合处理）上使用，那么所有的实验都是"伪复现"的。况且，在应用性研究中，"伪复现"就不是一个问题，因为实验的最终结果是确立处理和结果之间的统计关联。实验者所要问的问题是：给定处理（如农田和森林的施肥、人的医疗）多大程度上帮助获得一个社会的目标（较大的作物、更健康的人）？这一问题可以通过做复现实验的方式处理，因为实验的主要兴趣是统计关联本身，因果解释是次要的。[1]根据流行的范式来解释处理和对照之间的对比，可以获得对结果的因果解释，见图 6-3。[2]

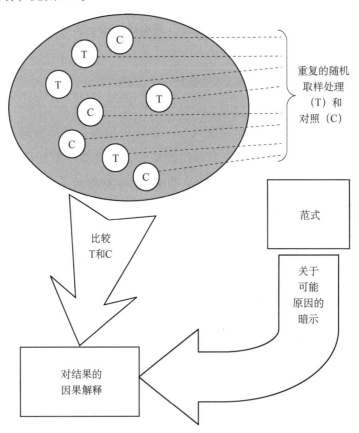

图 6-3　归纳性实验（inductive experiments）的逻辑

① Oksanen L，Oksanen T. The logic and realism of the hypothesis of exploitation ecosystems[J]. The American Naturalist，2000，155（6）：703-723.

② Oksanen L，Oksanen T. The logic and realism of the hypothesis of exploitation ecosystems[J]. The American Naturalist，2000，155（6）：703-723.

可靠的统计推理要求，从要研究的整个统计总体中随机取样和复现，根据流行的范式来解释处理和对照之间的对比，可以获得对结果的因果解释。

4. 对于演绎性生态学实验，用"伪复现"来认定并不合理

奥克萨宁认为，生态学实验分为两类：一类是归纳性实验，即本着归纳的精神实施的实验；一类是演绎性实验，即本着演绎精神实施的实验。归纳和演绎这两种进路在科学中都有其作用：归纳性实验能够提供新的意想不到的洞见。用进化与之相类比，此类实验可以被看作各种有利变异的滋生地；而演绎预测性的实验检验则反过来加强了猜想与研究纲领之间的生存斗争，提高了最适者生存的可能性。归纳性实验基于归纳逻辑要求复现；但演绎性实验是基于演绎逻辑的。二者的"游戏规则"是完全不同的，复现并非实验设计的必要部分。①奥克萨宁认为：赫尔伯特没有区分上述两点，秉持归纳主义的原则，基于归纳逻辑的复现要求，从而把有关归纳主义的战术上的使用当成了战略上的错误，而认定一些生态学实验为"伪复现"。这是在生态学中对"死去已久"的归纳主义的复活，是错误的。②

（二）考特尼等学者对奥克萨宁的反驳

1. 考特尼和梅斯特对奥克萨宁的反驳

比利时学者考特尼（Cottenie）和梅斯特（Meester）针对奥克萨宁的观点于 2003 年发表了一篇简短的论文，反驳了奥克萨宁的观点，申明"伪复现"不是一个"伪问题"，而是一个有效的和重要的统计学问题。③考特尼等认为，奥克萨宁之所以反对赫尔伯特的观点，似乎部分是由于奥克萨宁混淆了混合处理，以及误认为赫尔伯特是归纳主义者；奥克萨宁所声称的"如果混合处理也是'伪复现'的话，那么所有的实验都是'伪复现'的"并不恰当；为了最大限度地反映自然的情况，对于某些问题，大尺度"非复现实验"必不可少，但是，由此并不能得出"良好的复现实验不能得到正确的结论"。④

---

① Oksanen L，Oksanen T. The logic and realism of the hypothesis of exploitation ecosystems[J]. The American Naturalist，2000，155（6）：703-723.
② Oksanen L，Oksanen T. The logic and realism of the hypothesis of exploitation ecosystems[J]. The American Naturalist，2000，155（6）：703-723.
③ Cottenie K，de Meester L. Comment to Oksanen（2001）：Reconciling Oksanen（2001）and Hurlbert（1984）[J]. Oikos，2003，100（2）：394-396.
④ Cottenie K，de Meester L. Comment to Oksanen（2001）：Reconciling Oksanen（2001）and Hurlbert（1984）[J]. Oikos，2003，100（2）：394-396.

在该文中，考特尼和梅斯特也没有彻底否定奥克萨宁于 2001 年发表的文章，他们试图调和奥克萨宁和赫尔伯特的观点。他们认为，奥克萨宁论文的价值在于强调生态学大尺度实验的重要性，即认可非复现的大尺度生态学实验的合理性。因为，奥克萨宁认为，为了避免"伪复现"而得到完美的实验设计，通常会放弃研究的尺度，这虽然可能会得到比较精确的结果，但最终会远离自然的本来面目，恰当的复现和分散仅仅只是生态学实验的一个方面。这是其一。其二，在开展非复现大尺度生态学实验的背景下，可以通过元分析来实现非复现大尺度生态学实验的精确结果，而且，后期使用元分析，还有可能保证此类非复现研究的论文的合理性。这是发表大尺度生态学实验研究结果的一个重要依据，也是此类生态学系统的尺度特殊性和复杂性，导致这些实验本来就难以复现使然。塔塔尔尼科夫认为，奥克萨宁强调大尺度非复现实验，认为它们在某些情况下能够得到正确结论，这是没问题的，但不能就此来否定复现实验，这在逻辑上讲不通。[1]

2. 赫尔伯特对奥克萨宁的反驳

赫尔伯特于 2004 年有针对性地反驳了奥克萨宁对"伪复现"的批判。他言辞犀利，似乎奥克萨宁的批评有些激怒他了。开篇他就说道："如果'伪复现'真的是一个'伪问题'，这将会震惊美国统计协会，因为该协会将最初的'伪复现'论文评为 1984 年度生物统计学最佳论文，并为其颁发了斯内德克（Snedecon）奖。"[2]赫尔伯特认为奥克萨宁有以下三点错误。

（1）误解了"伪复现"的性质

首先，奥克萨宁说"'伪复现'是对'非复现'大尺度生态学实验的'污蔑'"，这是因为他没有了解到，"伪复现"的错误不只会在"非复现"的实验中发生，也在"复现"实验如"牺牲伪复现"中发生，只不过此时比较隐蔽。

其次，奥克萨宁反对将生态学实验中的"混合处理"认定为"伪复现"，并认为如果这是"伪复现"，则所有的实验都是"伪复现"，这是因为没有理解那个例子。在那个例子中，两个处理中的每个处理下都设置了多个水

---

① Tatarnikov D V. On methodological aspects of ecological experiments（comments on M. V. Kozlov publication）[J]. Zhurnal Obshchei Biologii，2005，66（1）：90-93.

② Hurlbert S H. On misinter pretations of pseudoreplication and related matters：A reply to Oksanen[J]. Oikos，2004，104（3）：591-597.

族箱，但是每个处理的所有水族箱都连接到了同样的水循环系统，这会破坏它们的统计独立性，而且最终统计分析忽略了这一事实。进一步地，赫尔伯特举例论证，在农业实验中，如果一个处理的所有区块都被放置在田地北端，而另一处理的所有区块都被放置在南端，则复现的区块也会缺少统计独立性。[①]

（2）错误地认为"生态学实验'伪复现'"复活了归纳主义

首先，赫尔伯特指出，奥克萨宁在文中存在自相矛盾之处。在某一处，奥克萨宁承认"归纳和演绎两种进路都有其在科学中的作用，归纳实验能够提供新的、意想不到的顿悟"[②]。但是，在别处，奥克萨宁则采取了严格的立场，认为"作为科学的基本方法，归纳主义（即过度依赖归纳推理）已经死去几个世纪之久，在1984年被赫尔伯特复活真令人惊愕……它是一种完全过时的认识论"[③]。

其次，赫尔伯特认为，他1984年论文中所评论的176个生态学实验中，有些实验可能是以纯粹"演绎的态度"实施的，有些实验则是以纯粹的"归纳的态度"实施的，但是大多数实验本质上是归纳和演绎混合的，科学通常既允许通过演绎的方式检验已有的猜想或理论，又允许通过归纳的方式以新的观察来获得"顿悟"的机会。赫尔伯特援引美国学者福特（Ford）的观点来反驳奥克萨宁："没有一个唯一的推理方法是科学家能够或一定遵守的。我们用两种普遍的方式进行推理：演绎的……归纳的……科学研究中的大多数推理都是归纳的……假说—演绎（H-D）法在范围上比经验归纳更宽，因为它从现有理论中寻求演绎结果的支持。但是，本质上，归纳方法和预测不应被视为完全独立于用来产生它们的理论的证据。"[④]他还戏谑地说，"凭心而论，我必须将'恢复归纳主义王子'（prince of inductionism restored）的冠冕赶快传

---

① Hurlbert S H. On misinter pretations of pseudoreplication and related matters: A reply to Oksanen[J]. Oikos, 2004, 104（3）: 591-597.

② Hurlbert S H. On misinter pretations of pseudoreplication and related matters: A reply to Oksanen[J]. Oikos, 2004, 104（3）: 591-597.

③ Oksanen L, Oksanen T. The logic and realism of the hypothesis of exploitation ecosystems[J]. The American Naturalist, 2000, 155（6）: 703-723.

④ Ford E D. Scientific Method for Ecological Research[M]. Cambridge, New York: Cambridge University Press, 2000: 169-170.

给福特"①。

（3）过高地评价了"生态学'非复现实验'"

赫尔伯特首先肯定了大尺度生态学实验的重要性。他认为，通过操纵实验的方式，很难获得对发生在大尺度空间和时间上的生态学现象和其他自然现象的理解，因为，在大尺度上创造并使用恰当尺度的实验单元简直是不可行的。这些大尺度操纵实验通常可能缺乏处理复现。但此类研究很少，并且往往会导致重大的新洞见，确证特定理论，从而推动科学进步。此外，赫尔伯特强调，在1984年的论文中，他并没有将此类大尺度生态学实验称为"不严密的"或"伪复现的"。②

而且，赫尔伯特也反对过高评价"非复现实验"。他认为，每一个提出的实验都必须通过其自身的目标、设计、可能性及费用来评判，不应自动拒绝没有处理复现（treatment replication）的实验，也不应仅仅根据它们的昂贵费用就自动拒绝具有处理复现的更有力的实验。③更何况，他认为，元分析远不是一个方法论的万灵药，吃了它就能够弥补研究的缺点。当实验缺少处理复现时，对处理效应的估计包含了大量"噪声"或随机误差，最终元分析的结果输出也将是"嘈杂的"。④

赫尔伯特最后还不无激动地说："但是，让我们不要畏惧直言不讳。'伪复现'将继续是生态学和许多其他社会科学和自然科学中最常见的统计错误之一，犯这种错误与演绎和归纳的推理方式无关。熟悉最常见类型的'伪复现'（'简单伪复现''时间伪复现'和'牺牲伪复现'）的科学家将会发现，避免它们很容易。不熟悉它们的编辑和评阅人则将会继续错误地判断论文稿件，并滋长期刊中的混乱。"⑤

---

① Hurlbert S H. On misinter pretations of pseudoreplication and related matters: A reply to Oksanen[J]. Oikos, 2004, 104（3）: 593.

② Hurlbert S H. On misinter pretations of pseudoreplication and related matters: A reply to Oksanen[J]. Oikos, 2004, 104（3）: 593.

③ Hurlbert S H. On misinter pretations of pseudoreplication and related matters: A reply to Oksanen[J]. Oikos, 2004, 104（3）: 593.

④ Hurlbert S H. On misinter pretations of pseudoreplication and related matters: A reply to Oksanen[J]. Oikos, 2004, 104（3）: 593.

⑤ Hurlbert S H. On misinter pretations of pseudoreplication and related matters: A reply to Oksanen[J]. Oikos, 2004, 104（3）: 593.

二、塔塔尔尼科夫的批判及科兹洛夫等的反驳

（一）塔塔尔尼科夫的评论和批判

科兹洛夫于 2003 年发表了一篇文献。该文献通过调查指出，赫尔伯特 1984 年发现"生态学实验'伪复现'"之后，由于未知的原因，这一问题被俄罗斯科学家完全忽视了。这导致的结果是，1998～2001 年，在俄罗斯 6 份生态学专业杂志中，有超过 21%的实验生态学论文是"伪复现"。不仅如此，这篇论文还通过几个来自俄罗斯生态学家的案例分析，简要地评价了"伪复现"发生的情形以及实验设计的某些方面。[①]

塔塔尔尼科夫于 2005 年发表了一篇对科兹洛夫的评论。他认为科兹洛夫的论文中有三种被列为"简单伪复现"的情况是有效的。他认为，实验和对照试验区没有随机分布会被看作是错误的，因为实验结果可能会受到空间异质性的干扰。但是，在这种情况下却没有"伪复现"，因为生态学系统的变异性是由不同地区的不同因素产生的，并且每个生物都会对这些因素做出单独响应，"伪复现"应该是对单个生物的响应进行多重判断而产生的[②]。

（二）科兹洛夫等的反驳

科兹洛夫和赫尔伯特 2006 年针对塔塔尔尼科夫的批评进行了反驳[③]。

首先，科兹洛夫和赫尔伯特认为，科兹洛夫识别出的三种简单"伪复现"是有效的，但是，塔塔尔尼科夫的评论是不恰当的，因为它缺乏充分的文献基础，他没有详细阅读关于"伪复现"问题的相关文献。科兹洛夫和赫尔伯特认为，可以用一个古老的俄罗斯笑话来描述塔塔尔尼科夫论文中的基本思想：如果某些事情是被禁止的，但是我们又非常想要它——那么它就被允许了！在某些背景下这种做法可能是有用的，但是在科学中这一做法是危险的。除非俄罗斯生态学家们声称，俄罗斯科学与某些政治家一样，有其自己的规则。

① Hurlbert S H. On misinter pretations of pseudoreplication and related matters: A reply to Oksanen[J]. Oikos, 2004, 104（3）: 593.
② Tatarnikov D V. On methodological aspects of ecological experiments（comments on M.V.Kozlov publication）[J]. Zhurnal Obshchei Biologii, 2005, 66（1）: 90-93.
③ Kozlov M V, Hurlbert S H. Pseudoreplication, chatter, and the international nature of science: A response to D V Tatarnikov[J]. Zhurnal Obshchei Biologii, 2006, 67（2）: 145-152.

其次，科兹洛夫和赫尔伯特认为，塔塔尔尼科夫对实验单元的概念不明确。因此科兹洛夫和赫尔伯特澄清了实验单元这一概念，并与评价单元相区分。其中实验单元是"实验材料的最小系统或单元，实验者对它分配单一的处理（或处理组合），并且使之独立于实验中的其他实验单元"；评价单元是"实验单元的要素，能够根据这些要素进行单一的测量"[1]。赫尔伯特在 1984 年提出"伪复现"概念之后，就曾针对这一问题进一步对这一概念进行了精炼，认为"生态学实验'伪复现'""代表了对实验单元和评价单元的混淆"，并将"伪复现"广泛定义为"对每个实验单元中的多个评价单元进行的测量，或对单个评价单元进行的多次测量，在统计上被看作代表了独立的实验单元……"[2]。

科兹洛夫和赫尔伯特还用水族箱进行的鱼类实验为例进行说明。塔塔尔尼尔科夫认为，实验单元是其中的每条鱼，而科兹洛夫和赫尔伯特认为，塔塔尔尼科夫是错误的，实验单元应该是一个水族箱及其所包含的所有鱼，因为同一水族箱中两条鱼在生理、行为上相互作用并彼此影响，对它们的测量在统计上是不独立的，单独的每条鱼是评价单元而非实验单元。塔塔尔尼科夫的错误在于没有区分实验单元和评价单元，以及二者对于统计独立性和统计分析的不同含义，因此才误解了"伪复现"的含义，认为只有对单个评价单元，如水族箱中的一条鱼等进行多个测量，并将其看作统计上是独立的，才会导致"伪复现"。实际上，不管是对一个还是若干不同评价单元进行的测量，也不管它们是否基本上是在同一时间或在一定时间间隔上进行的测量，只要对同一实验单元进行了多个测量，并把多个测量看成是统计独立的，都会产生"伪复现"。

三、尚克等的批判以及弗里伯格等的反驳

（一）尚克等的批判

美国学者尚克等于 2009 年发表论文，批评了赫尔伯特 1984 年论文中提

---

[1] Hurlbert S H. Pastor binocularis：Now we have no excuse[J]. Ecology，1990，71（3）：1222-1228.

[2] Hurlbert S H，Lombardi C M. Research methodology：Experimental design sampling design，statistical analysis[M]//Bekoff M M. Encyclopedia of Animal Behavior. Westport：Greenwood Press，2004，2：755-762.

出的各种"伪复现"及其相关观点，并提出了自己的看法。

1. 否定反复测量分析方法的应用是不合理的

尚克等暗示，赫尔伯特否定采用反复测量方法的研究理由是，如果"基于来自同一动物的反复测量是独立的"错了，那么我们完全同意，如果"基于反复测量可能在时间上相关联使得它们不能在统计分析中使用"，那么我们就不同意了，因为，反复测量分析通常是有效的。从赫尔伯特 1984 年的讨论来看这不明显，但如果赫尔伯特真的否认了反复测量分析，那么这一观点可能起源于另外一种观点，即物理条件无论是从空间上还是从时间上都是无法被充分控制的。[①]

2. 新的统计分析方法将解决"生态学实验'伪复现'"问题

涉及生物的实验通常涉及多个水平的分析单元：动物个体，对动物行为的反复采样、嵌套于区块、围栏或房间的生物，嵌套于实验室或野外地点的区块、围栏或房间，嵌套于区域中的实验室或野外地点等。沿着水平方向，会得到无限的许多更高水平（例如，房间之上是建筑物、区域实验室甚至全世界的实验室）。尚克等认为，生态学实验复现有两个重要的原则：第一，我们能够尽可能地控制较低水平的物理环境如房间，如果成功控制了，就没有必要分析较高水平的单元，如果失败了，则能够通过统计推理模型检测到控制的失败，其中，统计推理模型解释了在这些水平上的可能相关性；第二，依赖实验内部和实验之间的复现，如果要检测的效应真的被混淆了，并且在局部检测不出来，则其他研究者就无法复现这些结果。

但是，这些问题已经有了相应的解决办法，如在社会学和教育学研究领域，随着多层方差分析（multilevel ANOVA）和等级线性建模（hierarchical linear modeling，HLM）的出现，"分析单元"问题已经基本消失了。因此，在生态学中仍然坚持"伪复现"这一信条是令人惊讶的，这可能是缺少统计推理训练的结果。[②]

---

① Schank J C，Koehnle T J. Pseudoreplication is a pseudoproblem[J]. Journal of Comparative Psychology，2009，123（4）：422.

② Schank J C，Koehnle T J. Pseudoreplication is a pseudoproblem[J]. Journal of Comparative Psychology，2009，123（4）：421-433.

3. 不能仅仅依靠空间关系、边界或物理关联性来确定实验单元

对于赫尔伯特来说，单个生物在实验中不具有实验单元的地位，实验单元是通过空间时间临近性、物理相关性以及物理边界来决定的。例如，研究水族箱中鱼的实验，应当将水族箱（无论其尺寸多大）看作是实验单元，而不是水族箱中的鱼，原因是水族箱形成了一个紧密的空间临近（proximity）条件，通过相关的各部分（即鱼）形成了一个单独的实体。[1]这种实验单元的识别方式，导致了赫尔伯特将图 6-2 中的设计类型 B 看作是"伪复现"的，并且它们最终都还原到了 B-5，并认为"此类实验设计本质上就是无效的"。[2]在实验设计 B-1 中，处理的复现空间上彼此相邻，对照的复现也是如此，此外，一个处理的复现与一个对照的复现相邻，因此，复现虽然空间上是隔离的，但是处理复现和对照复现之间却并没有清晰的界限；在 B-2 中，复现在空间上明显是聚集的，对于赫尔伯特来说，它们只形成了一个实验单元和一个对照单元；在 B-3 中，实验复现只形成了一个单元，因为它们在同一个隔离室或房间内；在 B-4 中，复现再一次形成了一个单元，因为在复现之间有一些物理关联，尽管它们空间上是不相邻的。[3]

尚克等进一步认为，实验单元是实验背景下将处理或操纵应用于其上的东西。不可否认，在实验设计中，实验单元的空间排列通常是一个重要问题，但根据空间关系、边界或物理关联性，随意将各种实体捆绑成实验单元是不正确的。[4]

4. "合并数据"并不必然减弱统计的"有效性"

赫尔伯特认为"合并数据"会导致"牺牲伪复现"，尚克等则认为，要不要"合并数据"在于分析的潜在实验单元是否在统计上对观察到的效应有贡献，如果没有，则合并到一个更精确的水平来估算误差将会更好，甚至有时

① Schank J C，Koehnle T J. Pseudoreplication is a pseudoproblem[J]. Journal of Comparative Psychology，2009，123（4）：423.

② Hurlbert S H. Pseudoreplication and the design of ecological field experiments[J]. Ecological Monographs，1984，54（2）：193.

③ Schank J C，Koehnle T J. Pseudoreplication is a pseudoproblem[J]. Journal of Comparative Psychology，2009，123（4）：421-433.

④ Schank J C，Koehnle T J. Pseudoreplication is a pseudoproblem[J]. Journal of Comparative Psychology，2009，123（4）：421-433.

候"合并数据"会增强统计检验的效力。[①]

5. "时空隔离"和"穿插分散"并不决定性地导致统计独立性

赫尔伯特认为,实验单元的统计独立性是通过处理的穿插分散得到的,这显示,统计独立性依赖于处理在空间和时间上的穿插分散,穿插分散的处理越少,它们在统计上越相关(不独立)。这是由于它们在空间和时间上相临近导致的。

尚克等认为,赫尔伯特的"生态学实验'伪复现'"核心在于空间和时间上的临近可能会扰乱分析,虽然这是合理的,但是,在生态学研究中,某种程度的空间和时间重叠却总是必要的;"伪复现"的问题在于,收集的数据具有某种程度的空间和时间临近性,是否就意味着其关联以及统计上的相互依赖太过于相关,从而使得无法进行统计推理。[②]

尚克等进一步认为,"伪复现"存在一个固有矛盾:如前所述,空间临近性会导致统计上的不独立,而对于图 6-2 中的实验设计 B,以赫尔伯特的观点来看,由于处理单元之间彼此紧邻,但与对照单元远离,因此空间和时间上的隔离并没有使得处理具有统计独立性,因此,在临近和隔离的情况下都会存在统计上的不独立性。在这种情况下,似乎只有穿插分散是保证统计独立性的方式,但是,如果将实验单元和对照单元放置在空间上紧密相邻穿插分散,按照上述逻辑也会导致实验单元和对照单元之间的统计相关性,从而统计上也不独立,这样一来隔离也是罪过,穿插分散实验单元和对照单元也是罪过。[③]

尚克等认为,我们如果认识到统计独立性与临近性或隔离在数学上是无关的,就解决了这一"伪复现"的固有矛盾。简而言之,统计独立性仅指,两个事件中,一个事件的发生不会影响另一事件的发生概率。很多因素会影响统计独立性,如空间的和时间的临近性,但是这些因素不应与统计独立性

① Schank J C,Koehnle T J. Pseudoreplication is a pseudoproblem[J]. Journal of Comparative Psychology,2009,123(4):421-433.

② Schank J C,Koehnle T J. Pseudoreplication is a pseudoproblem[J]. Journal of Comparative Psychology,2009,123(4):421-433.

③ Schank J C,Koehnle T J. Pseudoreplication is a pseudoproblem[J]. Journal of Comparative Psychology,2009,123(4):429.

的定义相混淆，赫尔伯特误解了"统计独立性"。①

可以说，尚克等对赫尔伯特"生态学实验'伪复现'"的批判是不遗余力的，他认为：很少有方法论信条与"伪复现"一样有如此大的影响，但是对其进行批判分析的却很少；"伪复现"背后的核心思想是对统计独立性和统计推论背景的误解；不应当将"伪复现"作为普遍标准来接受或拒绝一项实验研究，所有的研究都应当根据其自身价值来评判。一句话，"生态学实验'伪复现'"就是一个"伪问题"。②

（二）弗里伯格等对尚克等的反驳

美国学者弗里伯格等在 2009 年发表了论文反驳了尚克等，认为尚克等曲解了赫尔伯特的原始论文，"伪复现"不是一个"伪问题"，它仍然是一个问题。③

第一，弗里伯格等指出，赫尔伯特仅仅陈述了"这些实验设计缺乏充分的穿插分散处理以保证独立的复现"，并没有认定"此类实验设计本质上就是无效的"。这样一来，尚克等认为赫尔伯特在 1984 年针对图 6-2 中的 B-1～B-5，坚持"此类实验设计本质上就是无效的"，描述了一个"有缺陷的方法论信条"，是不恰当的。④

第二，尚克等认为赫尔伯特坚持否定反复测量方法的应用，对此，弗里伯格等指出，"赫尔伯特并没有否定采用反复测量方法的研究"⑤。

第三，尚克等认为，根据赫尔伯特的观点，"显然应该避免对环境条件的物理控制"，⑥并且，"似乎否认对于控制可能的干扰变量，对环境进行物理控

① Schank J C，Koehnle T J. Pseudoreplication is a pseudoproblem[J]. Journal of Comparative Psychology，2009，123（4）：432.

② Schank J C，Koehnle T J. Pseudoreplication is a pseudoproblem[J]. Journal of Comparative Psychology，2009，123（4）：432.

③ Freeberg T M，Lucas J R. Pseudoreplication is（still）a problem[J]. Journal of Comparative Psychology，2009，123（4）：450-451.

④ Freeberg T M，Lucas J R. Pseudoreplication is（still）a problem[J]. Journal of Comparative Psychology，2009，123（4）：422.

⑤ Freeberg T M，Lucas J R. Pseudoreplication is（still）a problem[J]. Journal of Comparative Psychology，2009，123（4）：450.

⑥ Schank J C，Koehnle T J. Pseudoreplication is a pseudoproblem[J]. Journal of Comparative Psychology，2009，123（4）：427.

制的重要性"。赫尔伯特的观点是一个错误，因为不控制环境变量会导致混淆并增加变异性，控制环境变量是至关重要的。但是，弗里伯格等指出，"并没有发现赫尔伯特有这样的观点"[①]。

第四，尚克等认为，"空间和时间临近也意味着统计的非独立性"[②]。弗里伯格等指出，实际上，赫尔伯特认为空间和时间临近将会增加统计非独立性的可能，当然，这与临近性导致非独立性并不是一回事。[③]

第五，弗里伯格等指出，赫尔伯特在1984年发表那篇论文时，尚没有复杂的多层统计分析，正如尚克等认识到的，目前已经有若干有利的统计技术来解决赫尔伯特提出的某些问题了，这些技术包括等级线性模型和结构方程建模（structural equation modeling）等。尽管如此，将不该有的混淆降低到最少，并将数据点（data points）的统计独立性增强到最大，还是非常重要的。[④]

四、生态学实验"伪复现"是真实存在的

（一）对相关概念并没有准确地理解

这集中在奥克萨宁和塔塔尔尼科夫身上，如奥克萨宁混淆了"混合处理"，误解了"伪复现"的含义等，而塔塔尔尼科夫则误读了"实验单元""评价单元"等。

"伪复现"可以说是在不同的情况下，将对一个实验单元的多个测量看作是多个独立的实验单元，并进行了推论统计的分析。与此相对应，"真复现"是对处理的复现，也就是同一处理下设置多个独立的实验单元，并且在统计分析中要使用来自各个复现的数据进行分析。

对于赫尔伯特提出的"伪复现"的内涵，需要注意两个必要条件：首先，没有设置处理的独立的复现（或者尽管设置了，但后期处理数据的时候又被

① Freeberg T M, Lucas J R. Pseudoreplication is（still）a problem[J]. Journal of Comparative Psychology，2009，123（4）：450.
② Schank J C, Koehnle T J. Pseudoreplication is a pseudoproblem[J]. Journal of Comparative Psychology，2009，123（4）：429.
③ Freeberg T M, Lucas J R. Pseudoreplication is（still）a problem[J]. Journal of Comparative Psychology，2009，123（4）：450.
④ Freeberg T M, Lucas J R. Pseudoreplication is（still）a problem[J]. Journal of Comparative Psychology，2009，123（4）：450.

忽略了）；其次，进行了推论统计分析。因此，有些反对意见中认为只要没有设置复现就是"伪复现"的，是错误的，这是因为他们没有注意到第二个必要条件——进行推论统计分析。如果没有进行推论统计分析，而仅仅是进行了描述性的分析，则不构成"伪复现"。这样一来，赫尔伯特"伪复现"实际上并没有彻底否定生态学的大尺度"非复现实验"，而是反对既没有设置复现，又进行推论统计分析这样的做法。

（二）把不是赫尔伯特的观点认作其观点

这主要集中在尚克身上，如他认为赫尔伯特持有"此类实验本质上就是无效的"的观点，否定"采用反复测量方法的研究"，应该避免"对环境条件的物理控制""时空临近会导致统计非独立性"等。另外，奥克萨宁也有类似表现，如他认为赫尔伯特是归纳主义者等。这些都是有失偏颇的。

如果分析赫尔伯特等对"生态学实验'伪复现'"批判者的反驳，也可发现他们同样存在一定的欠缺，这集中表现在他们只关注批判者的错误或不恰当之处，而较少聚焦于他们的正确之点并加以吸纳。实际上，批判者也提出了许多正确的或有启发性的观点，如虽然奥克萨宁错误地认定赫尔伯特是归纳主义者，但他所提出的"对于演绎性实验，用'伪复现'来认定是不合理的"这一观点，是合理的。

总之，对于"生态学实验'伪复现'"的争论，是必要的和有价值的。这给我们诸多启发，概括起来有：应该在正确理解相关概念如"混合处理""实验单元""评价单元""推论统计"等概念的基础上，明确"伪复现"的定义及内涵，然后再对生态学实验进行"伪复现"的分析；"伪复现"并不只发生在"非复现实验"中，也发生在"复现性实验"中；不能因为"伪复现"而完全否定"非复现实验"，有时"非复现实验"是不可避免的，甚至是更好的选择，我们不能冠之以"伪复现"而硬性地否定它，而应对此保持谨慎，否则会犯"阶级斗争扩大化"的错误；"伪复现"的不足可以通过其他方法，如元分析、新的统计方法等的运用进行一定的弥补，但无法做到彻底的弥补；要区分应用型实验和非应用型实验、演绎性实验和归纳性的实验，对于前者，不能一概以"伪复现"来评判它；单纯的演绎性实验和归纳性实验在生态学中都不多，更多的是它们的混合，因此，对此进行"伪复现"分析是必要的……

一句话，那些批判者所提出的"生态学实验'伪复现'是一个'伪问题'"的判定，是错误的，但是为此判定所提出的观点和论证或者是有道理的，或者是错误的是有启发的。它告诉我们，"生态学实验'伪复现'"虽然不是一个"伪问题"，但是，其内涵以及应用却肯定是一个问题，而且是重要的问题，需要我们针对生态学实验的具体研究，加以深入的探讨，修正并完善之。"生态学实验'伪复现'"的提出是非常具有创造性的，它的应用不但对生态学野外实验研究具有重要意义，而且对于某些学科，如医学、社会科学等也具有重要价值。

第三节　国内外生态学实验"伪复现"的状况

既然生态学实验"伪复现"不是一个"伪问题"，而是客观存在的，那么，其在国内外的表现怎样呢？

一、国内生态学实验"伪复现"的状况

牛海山等在 2009 年对中国两个重要的生态学学术期刊《植物生态学报》[2007 年 31 卷第 2 期（其中的 7 篇实验论文）]和《生态学报》[2007 年 27 卷第 5 期（其中的 28 篇实验论文）]，进行了一项调查。调查涉及三类情况：①"简单伪复现"问题；②把测量的复现（repeated measurements）看作了实验单元的复现——"时间伪复现"；③混淆了空间变异与处理效应。其中，③不属于"伪复现"。[①]

该调查没有计入下述 4 种情况：①实验设计描述不清，无法判断处理是否复现；②没有处理复现的大尺度生态学实验等；③处理没有复现，但没有进行方差分析；④赫尔伯特在图 6-2 中列出的 B-3、B-4 的"伪复现"情形，虽然也常见，但不计入。原因是这样的设计会导致工作量或经费大量增加，所以

---

① 牛海山，崔骁勇，汪诗平，等. 生态学试验设计与解释中的常见问题[J]. 生态学报，2009，29（7）：3901-3910.

可"原谅"。

该调查发现，"简单伪复现"在中国生态学实验中普遍存在，占该次调查论文总数的 8.6%，如果考虑到疑似简单伪复现的情况，这一比例会达到 22.9%。其中"时间伪复现"占 5.7%，如果考虑到疑似情况，这一比例会达到 8.6%。

但是，该调查选取的样本量太小，仅仅是《植物生态学报》和《生态学报》各一期的内容，难以代表中国"伪复现"的情况。因此，本书将参照牛海山等的调查，在能力所及的情况下，适当扩展调查样本量。

（一）调查方案的设计

（1）调查的主题及其目的：主题为中国生态学学术期刊上的"伪复现"情况，对中国期刊论文中"伪复现"的调查，并非是为了评价相关论文研究的意义，而仅仅是探讨实验设计中的问题；目的是了解中国生态学实验中"伪复现"问题存在的现状。

（2）调查对象的选择：在中国的生态学期刊中，《生态学报》（中国生态学学会主办）、《应用生态学报》（中国生态学学会、中国科学院沈阳应用生态研究所主办）、《植物生态学报》（中国植物学会、中国科学院植物研究所主办）和《生态学杂志》（中国生态学学会主办）属于第一方阵，这些期刊的论文文献数量占全部期刊文献数量的 20%但却贡献了 80%的引用。

参照牛海山等的标准和做法进行调查，调查"伪复现"的三种类型："简单伪复现""时间伪复现"和"牺牲伪复现"。

第一项调查：分别选取《生态学报》2013 年第 33 卷第 1 期（其中包含实验性论文 21 篇）和第 2 期（其中包含实验性论文 26 篇），以及《植物生态学报》2013 年第 37 卷第 1 期（其中包含实验性论文 6 篇）和第 2 期（其中包含实验性论文 7 篇）。

第二项调查：选取《生态学报》2009 年第 29 卷第 1～12 期（其中包含实验性论文 311 篇）。限于时间，在中国科学院大学找到了 17 位在读的一年级硕士研究生进行协助调查，其中，一位专业为动物学，其他人的专业均为生态学。他们协助调查了第 1～7 期。[①]

（二）调查结果及其评价

第一项调查发现，在 60 篇实验性论文中，有 4 篇涉及"简单伪复现"，占总篇数的 6.7%；1 篇涉及"时间伪复现"，占总篇数的 1.7%；"牺牲伪复现"未见。具体见表 6-2。为了显示出"伪复现"在各生态学研究领域的分布情况，表 6-2 将数据细化到各个栏目。

表 6-2　三种类型"伪复现"的第一项调查情况

期刊	栏目	实验论文数/篇	简单伪复现/篇	时间伪复现/篇	牺牲伪复现/篇
《生态学报》（第 1、2 期）	个体与基础生态	12	0	0	0
	种群、群落和生态系统	16	3	0	0
	景观、区域和全球生态	3	0	0	0
	资源与产业生态	7	0	0	0
	城乡与社会生态	5	0	0	0
	研究简报	4	0	0	0
《植物生态学报》（第 1、2 期）	研究论文	13	1	1	0
总计		60	4	1	0
所占比例/%			6.7	1.7	0

从表 6-2 可见，存在"伪复现"的论文主要集中在"种群、群落和生态系统"这一类的研究中，原因是，随着生态学实验研究尺度的增大，在实验中设置处理复现的难度也增大，容易出现"伪复现"的问题。

第二项调查发现，在 311 篇实验性论文中，47 篇涉及"简单伪复现"，占总篇数的 15%；17 篇涉及"时间伪复现"，占总篇数的 5%；"牺牲伪复现"未见；实验设计描述不清，疑似"伪复现"的 4 篇，占总篇数的 1%。"伪复现"（加上疑似情况）总计 68 篇，占总篇数的 22%。具体见表 6-3。

① 他们分别是中国科学院动物研究所的郭洪刚、胡小菊和夏凡，中国科学院植物研究所的霍亚文、李蕾蕾、刘修元、唐双立和王钧杰，中国科学院华南植物园的张邵康和叶国良，中国科学院成都生物研究所的彭春巧和王红梅，中国科学院西北高原生物研究所的李妙，中国科学院沈阳应用生态研究所的吴瑞和张弛，中国科学院遗传与发育生物研究所的郭远，另外，还有李权（专业为动物学），没有记录到其所在研究所。在此对他们表示衷心感谢！

表 6-3　三种类型"伪复现"的第二项调查情况

期号	调查论文总数/篇	简单伪复现/篇	时间伪复现/篇	牺牲伪复现/篇	疑似伪复现/篇	伪复现总计/篇
第1期	21	3	2	0	1	6
第2期	27	12	1	0	0	13
第3期	27	4	0	0	1	5
第4期	30	5	3	0	0	8
第5期	23	5	4	0	0	9
第6期	31	4	2	0	1	7
第7期	22	4	2	0	1	7
第8期	30	5	0	0	0	5
第9期	23	3	2	0	0	5
第10期	22	1	1	0	0	2
第11期	23	0	0	0	0	0
第12期	32	1	0	0	0	1
总计	311	47	17	0	4	68
所占比例/%		15	5	0	1	22

可见，与第一项调查相比，随着样本的增大，第二项调查数据也随之增大。但与第一项调查一样，它也反映出"伪复现"在中国这两个生态学期刊中仍然普遍存在。其中，简单伪复现是最常见的情况。

此外，"伪复现"在中国的两个重要生态学期刊《生态学报》与《植物生态学报》中的出现频率共同特征是，集中于种群、群落和生态系统研究中。这是由于此类尺度的研究，以及工作量和经费等问题，通常很难设置处理的复现。

二、国外生态学实验"伪复现"的状况

最先对生态学实验"伪复现"进行调查的是赫尔伯特[①]，他在 1984 年的那篇论文中阐述了他的调查。

他的调查由两项调查组成。一项是由他自己进行的，调查了 156 篇涉及生态学野外操纵实验的论文。论文的期刊来源和年份如下：《生态学》(*Ecology*)，1979 年、1980 年；《美国中部自然学者》(*American Midland Naturalist*)，1977

---

① Hurlbert S H. Pseudoreplication and the design of ecological field experiments[J]. Ecological Monographs，1984，54（2）：187-211.

年、1978 年、1979 年、1980 年；《湖沼学与海洋学》（ *Limnology and Oceanography*)，1979 年、1980 年；《实验海洋生物学与生态学杂志》（ *Journal of Experimental Marine Biology and Ecology* ），1980 年；《动物生态学杂志》（ *Journal of Animal Ecology* ），1979 年、1980 年；《加拿大渔业与水生科学杂志》（ *Canadian Journal of Fisheries and Aquatic Sciences* ），1980 年（仅第 3 期)；《哺乳动物学杂志》（ *Journal of Mammalogy* ），1977 年、1978 年、1979 年、1980 年。

调查的结果是，其中约有 27% 的论文涉及 "伪复现"，对于其中推论统计学的论文（101 篇）来说，这一比例达到了 48%。在具有比较大的逻辑困难的野外实验（小型哺乳动物实验）中，"伪复现" 不但普遍，而且非常突出；在最简单的那些野外实验，如淡水浮游生物实验中，"伪复现" 比较少见；对海洋底栖生物的研究，介于上面二者之间。具体见表 6-4。表中论文总篇数一列中括号内的数字为操纵实验研究的文献数量。

表 6-4 赫尔伯特第一项调查的结果[①]

主题	论文总篇数/篇	实验设计与分析的类型			
		I	II	III	IV
			伪复现		
处理是否复现	—	否	否	是	是
是否应用推论统计	—	否	是	否	是
淡水浮游生物	48（42）	14	5（10%）	15	14
海洋底栖生物	57（49）	13	18（32%）	15	11
小型哺乳动物	24（21）	—	12（50%）	2	9
其他主题	47（46）	6	13（28%）	9	19
总计	176（156）	34	48（27%）	41	53

第二项调查是由赫尔伯特实验设计课程上的 11 名研究生进行的，他们每个人选取感兴趣的主题文献大约 50 篇，共调查了 537 篇文献。其中，12%（62 篇）被发现存在 "伪复现" 问题。在这 537 篇文献中，有很大一部分没有使用推论统计学，只有 191 篇论文使用了推论统计学并且清晰地描述了其实验设计，其中，26%（50 篇）涉及 "伪复现"。具体见表 6-5。

① Hurlbert S H. Pseudoreplication and the design of ecological field experiments[J]. Ecological Monographs，1984，54（2）：198.

表 6-5　赫尔伯特的学生进行的第二项调查结果[1]　　　　　　单位：篇

主题	期刊	调查总数	疑似伪复现	伪复现
海洋野外实验	《实验海洋生物学与生态学杂志》	50	18	7
海洋生物	《海洋行为学及生理学》《生物学学报》	44	25	15
重金属对海洋浮游生物的影响	Davies 1978 年的参考文献中的论文	50	5	1
温度对鱼类的影响	各种期刊	50	29	7
盐沼植物	各种期刊	50	31	4
温度-植物关系	各种期刊	50	11	7
动物生活史特点	各种期刊	44	38	8
动物生理学	《生理动物学》	50	?	7
电离辐射效应	《辐射研究》《健康物理学》	50	34	1
动物生态学	《动物生态学杂志》	50	?	2
植物-食草动物相互作用	各种期刊	49	?	3
总计		537	191+	62

　　到了 1993 年，赫尔伯特与怀特对 1966～1990 年的生态学、生理学、淡水无脊椎浮游动物的 95 篇论文进行了分析。[2]他们认为，这 95 篇论文代表了该主题 70%～80%的论文。由于在当时绝大多数该领域的论文都是用英语发表的，属于其他语言类的相关论文很少，因此他们调查的论文的语言限定为英语，并且这些论文既包含野外实验，又包括实验室实验。调查结果发现，存在"伪复现"的论文占论文总数的 41%，其中，"简单伪复现"占 11%，"时间伪复现"占 7%，"牺牲伪复现"占 31%。具体见表 6-6。

表 6-6　赫尔伯特与怀特的调查结果[3]　　　　　　单位：%

伪复现类型	比例
伪复现	41
简单伪复现	31

---

[1] Hurlbert S H. Pseudoreplication and the design of ecological field experiments[J]. Ecological Monographs，1984，54（2）：200.
[2] Hurlbert S H，White M D. Experiments with freshwater invertebrate zooplanktivores：quality of statistical analyses[J]. Bulletin of Marine Science，1993，53（1）：130.
[3] Hurlbert S H，White M D. Experiments with freshwater invertebrate zooplanktivores：quality of statistical analyses[J]. Bulletin of Marine Science，1993，53（1）：130.

续表

伪复现类型	比例
时间伪复现	7
牺牲伪复现	11

　　1996 年，赫夫纳（Heffner）等对赫尔伯特 1984 年调查的期刊在 1991 年和 1992 年的情况进行了重新调查[1]。他们共搜集论文 892 篇，其中 119 篇论文符合赫尔伯特原来的分析标准：第一是操纵实验，第二是野外实验，第三是使用了推论统计学进行数据分析。结果发现，119 篇论文中有 14 篇论文存在"伪复现"问题，占 12%。另外还有 3 篇疑似"伪复现"，如果加上这 3 篇，那么比例为 14%。

　　将表 6-7 中的调查数据与赫尔伯特 1984 年的调查结果 48% 相比较，在赫尔伯特提出"伪复现"之后，"伪复现"问题的出现已经有一定程度的下降。具体见表 6-7（括号中的数字为疑似情况）。

表 6-7 赫夫纳等的调查结果[2]

	调查文献总数/篇	简单伪复现/篇	时间伪复现/篇	牺牲伪复现/篇	伪复现出现频率/%
A. 主题					
陆生植物	19	3（2）	0	0	16（26）
陆生无脊椎动物	19	2	0	0	11
陆生脊椎动物	24	2（1）	1	0	13（17）
淡水游泳动物	11	1	0	0	9
其他淡水生物	15	2	1	0	20
海洋底栖生物	14	0	0	0	7
其他海洋生物	17	1	0	0	6
B. 期刊					
《生态学》（1992 年）	38	2（1）	0	0	5（8）
《美国中部自然学者》（1992 年）	15	3（1）	0	0	20（27）
《湖沼学与海洋学》（1992 年）	4	1	0	0	25
《实验海洋生物学与生态学杂志》（1992 年）	25	0	1	0	8
《动物生态学杂志》（1992 年）	16	3	0	0	19

---

[1] Heffner R A, Butler M J, Reilly C K. Pseudoreplication revisited[J]. Ecology, 1996, 77（8）: 2558-2562.

[2] Heffner R A, Butler M J, Reilly C K. Pseudoreplication revisited[J]. Ecology, 1996, 77（8）: 2560.

续表

	调查文献总数/篇	伪复现类型			伪复现出现频率/%
		简单伪复现/篇	时间伪复现/篇	牺牲伪复现/篇	
B. 期刊					
《加拿大渔业与水生科学杂志》（1992年）	15	2	0	0	13
《哺乳动物学杂志》（1991年、1992年）	6	0（1）	1	0	17（33）

　　智利的拉米雷斯（Ramírez）等在2000年也针对与嗅觉测量（olfactometry）研究相关的期刊进行了一次调查，调查了发表于1993～1997年的论文。被调查的期刊包括《化学生态学杂志》（*Journal of Chemical Ecology*）、《实验与应用昆虫学》（*Entomologia Experimentalis et Applicata*）、《应用昆虫学杂志》（*Journal of Applied Entomology*）、《生物防治》（*Biological Control*），以及《生理昆虫学》（*Physiological Entomology*）。这些杂志大约涵盖了该时间段发表的80%的嗅觉测量研究论文。调查的论文数目为105篇，其中60篇使用了嗅觉测量器（olfactometer），45篇使用了风洞（wind tunnels）。调查结果发现，49篇论文（占46.7%）存在"伪复现"。[①]

　　俄罗斯的科兹洛夫2003年对俄罗斯生态学论文中"伪复现"问题的状况做了调查。他发现，1998～2001年发表在6个俄罗斯学术期刊上的实验生态学论文中多达47%出现"伪复现"。这一比例是之前所调查的1960～1980年国际期刊"伪复现"出现比率的两倍。[②]

　　根据对国内外生态学实验"伪复现"的调查发现，"简单伪复现"所占的比例较大，其次是"时间伪复现"，"牺牲伪复现"很少，由此，应该对"简单伪复现"和"时间伪复现"高度关注，并尽量在生态学实验实践中避免这种情况的发生。

---

① Ramírez C C，Fuentes-Contreras E，Rodríguez L C，et al. Pseudoreplication and its frequency in olfactometric laboratory studies[J]. Journal of Chemical Ecology，2000，26（6）：1423-1431.

② Tatarnikov D V. On methodological aspects of ecological experiments（comments on M.V.Kozlov publication）[J]. Zhurnal Obstchei Biologii（Journal of Fundamental Biology），2005，66（1）：90-93（in Russian，with English summary）.

第四节 避免生态学实验的"伪复现"

生态学实验"伪复现"是一个重要且存在争论的问题，对此争论的分析有助于我们理解其内涵和意义。结论是：赫尔伯特意义上的生态学实验"伪复现"是存在的，而且对于生态学实验的"精确性""真实性"和"有效性"有一定影响，因此要高度关注并尽量避免。

有些生态学家对此持有异议。如霍金斯 1986 年发表了一篇简短的评论，认为有力的生态学推理有时候是从没有处理复现的实验中得出的；"非复现"研究尽管被认为是"伪复现"而受到批评，但有时仍能产生强的生态学证据。他担心，支持"伪复现"和"伪理解"的审稿人，会将所有"非复现"的研究都判定为"伪复现"和科学上不充分的；对"伪复现"问题过激反应是有害的。[①]再如哈格罗夫等在 1992 年发表的论文中认为，对于大尺度生态学，"伪复现"可能无法避免；而由于畏惧产生"伪复现"，当对象变得更具整体性时，像景观生态学这样的生态学分支学科却变得更具"还原性"了。此时，景观生态学不需要被复现，实际上也无法被复现。他甚至声称，"伪复现"是景观生态学的必要条件。[②]

从他们的批判看，他们并不否定"伪复现"这一概念，而只是表明应该有策略地对待"伪复现"，而且，他们的批判没有受到人们更多的关注。现在看来，虽然"伪复现"的情形不可能在所有的生态学实验中发生，但是，不能保证在某一类似于上述情形的实验中不发生。因为在这些实验中，产生"伪复现"的环境条件和操作可能会被检测到，但是在大多数情况下，这些环境条件和操作极其偶然，难以检测。此时实验者所能做的，就是尽力使偶然事件的发生最小化。不过，必须清楚，即使实验者再努力，在很多情况下也很难控制变动性很大的环境条件。

---

① Hawkins C P. Pseudo-understanding of pseudoreplication: A cautionary note[J]. Bulletin of the Ecological Society of America, 1986, 67 (2): 184-185.

② Hargrove W W, Pickering J. Pseudoreplication: A sine qua non for regional ecology[J]. Landscape Ecology, 1992, 6 (4): 251-258.

在这种情况下，应该采取的有效的措施不是去控制实验的环境条件，而是去正确地设计实验，恰当地"处理"实验单元或者测量单元，以避免上述"伪复现"的发生。

赫尔伯特进一步概括了生态学野外实验的设计类型，得到图 6-2，对此加以详述。

一、识别假处理效应和"伪复现"

对于 B-1，属于简单的隔离。其中，组合的或混合的进路是既考虑位置又考虑实验单元的操纵前固有性质，并以本质上主观的方式将处理分配到实验单元上。目标是达到处理方式之间空间分散和操纵前差异的最小化，以及复现单元（处理内）之间操纵前变化性的均衡。分配过程基于固有性质而不是位置的，他们冒了以空间上隔离的处理而告终的风险。

在一个实验池塘中实施 DDT-浮游植物实验，以简单隔离的方式排列这些处理（B-1）。此处，正如在许多野外实验中一样，隔离造成了一个双重的危险。该实验是对照实验，既不是为了可能的事先存在的位置差异（如土壤类型中的梯度），也不是为了实验期间产生的位置差异的可能性（例如，池塘的一端更接近树林，在这一端的池塘可能会被两栖动物利用来繁殖；在风暴期间，上风向的池塘可能会比下风向的池塘接受更多残体）。

对于 B-2，属于聚集的隔离。这些类型的设计极少在生态学野外实验中使用。据推测，人们具有足够的洞察力看到物理独立复现的需要，也认识到处理分散的需要。处理隔离在实验室实验中更常见。

任何类型的处理隔离的风险是，它很容易导致假的处理效应，即类型 I 错误。此类效应可能源自两种原因或其中之一。第一，两个处理"位置"之间的区别可能在实验实施之前就存在，在理论中，研究者可以测量这些差异，但是对于要测量什么，需要努力了解。第二，由于"非魔鬼式侵入"，"位置"之间的差异可能在独立于任何真正的处理效应的实验期间产生并变得更大。

例如，为了检验 DDT 对浮游植物种群的影响，他们在实验室工作台上建立了 8 个包含浮游植物的水族箱，并将 DDT 施加到左边的 4 个水槽中，将其他 4 个作为对照。确定一个水族箱与另一个水族箱极其相似的初始条件相对简单，他们的确这样做了。这包括确保所有的水族箱培菌液、光条件等相同。

在这样的实验中，假处理效应的最有可能的来源是建立实验系统后发生的事件。例如，工作台一端的电灯可能不亮，使得沿着工作台产生了一个我们没有觉察到的光照梯度。假的效应也很容易产生。比如灯泡都不亮但直到 48 小时之后才被检测到。如果我们的智力得到了改进，我们将会替换这个灯泡，抛弃整个实验，并重新用一个更好的设计开始。否则，一个假效应非常有可能发生。

另一种可能性是：有人将装有甲醛的瓶子开着盖留在了工作台的一端，放了一个下午，使得沿着工作台产生了一个甲醛气味的梯度。我们没有发现。我们真正"发现"了 DDT 刺激了浮游植物的光合作用，因为甲醛瓶已经留在了工作台"对照"端附近！

在这一例子中，作为确保两个处理的初始条件相当近似的方式，处理分散不是非常必要或者关键的。但是，作为"非魔鬼式侵入"的对照，它对于实验期间偶然事件的不同影响是关键的。如果 DDT 和对照水族箱合理的分散，则灯泡不亮或甲醛梯度将很少或不会影响处理方式之间的差异。但是它们会显著增加每个处理中水族箱之间的变化性。它自己就会排除假的处理效应，也使得检测任何真正的处理效应更加困难。

对于 B-3，属于孤立的隔离。孤立的隔离在实验室实验中是一个常见的设计，但是野外生态学家很少使用它。它造成了所有简单隔离的危险，而且在其更为极端的形式上，假的处理效应更有可能发生。对温度效应的研究通常使用恒温室、生长室，或者孵化器。这些都很昂贵，通常数量有限，而由许多工作者共有。虽然除了一个在 10℃，一个在 25℃，两个此类器室可能会被认为相同，但它们实际上通常在其他特征（光照、挥发性有机物等）中不同，尽管研究人员已经尽力消除这些不同。

此类生理学和生长的研究通常使用单一的水槽，每个实验处理（如温度、食物水平等）包含固定数量的鱼。在个别鱼是直接相关的单元的意义上，此类实验可能被看作例证了处理的孤立隔离。

通过再次考虑偶然甲醛泄漏的效应，处理的孤立隔离的假处理效应有增加的可能性。如恒温式地板上或鱼水槽中的甲醛的少量泄漏，使得相应的实验单元处理受其影响不同。这进一步增加了假处理效应的相似性，使在处理之内变量不可能增加。

对于 B-4，属于物理上相互依赖的复现。迄今，已经关注了作为达到或保证统计独立性的一个方式的空间分散。这并不总是充分的。设计 B-4 显示了不能代表两组水族箱的布置，其中每组中四个水族箱分享了共同的加热、通气、过滤、循环，或营养供应系统。虽然这样的设计满足分散的要求，但是这和孤立的隔离一样不好。它也同样容易产生假处理效应。对于包含此类系统的实验，每个复现都应该有其独立维持系统。通过这种方式，发动机失灵、污染事件、或其他类型的"非魔鬼式侵入"便只会影响一个单一的实验单元，并且不可能产生"处理效应"。

对于 B-5，没有重复。在水槽是直接操纵或处理的单元的意义上，此类实验会被看作缺乏复现处理。

概括上述实验设计，B-1、B-2、B-3 和 B-5 没有处理复现的穿插分散和随机化；B4 虽然穿插分散和随机化了处理复现，但由于不同处理下的实验单元（即处理的复现）通过同一个循环系统联系在了一起，如果一个实验单元因为循环系统故障而出现问题，那么该处理下所有的实验单元都会出现问题，根据统计独立性的定义—— 一个事件不会影响另一个事件发生的概率，在 B-4 的情况下，仍然存在"伪复现"。由此，赫尔伯特认为，"如果处理是空间和时间上隔离的（B-1、B-2、B-3），如果处理的所有'复现'某种程度上是相互关联的（B-4），或者，如果'复现'只是从单个实验单元采样的（B-5），则'复现'是不独立的。如果实验者使用此类实验数据来检验处理效应，就犯了'伪复现'错误"[1]。

考察 B-1～B-5，B-5 是典型的"简单伪复现"，而 B-1～B-4 也可都归于"简单伪复现"这一类型，因为虽然它们都对处理进行了隔离和随机化，但没有穿插分散，并保证处理的独立性，所以 B-1～B-4 中处理的 4 个复现（4个黑方块）和对照的 4 个复现（4 个白方块）只分别等同于 1 个复现（即 B-5 的形式）。

---

[1] Hurlbert S H. Pseudoreplication and the design of ecological field experiments[J]. Ecological Monographs，1984，54（2）：198.

二、进行随机化的分散设计

为了避免"伪复现",赫尔伯特提出,应该采取"随机化"和"穿插分散",将处理随机地施加到各个实验单元上。如针对第五章所述实验案例,应该把9盆施肥的植物和9盆没有施肥的植物随机地放置到相应的空间中,进行相应的实验。这是第四种温室实验设计,简称温室实验设计4。具体实验设计见图6-4。

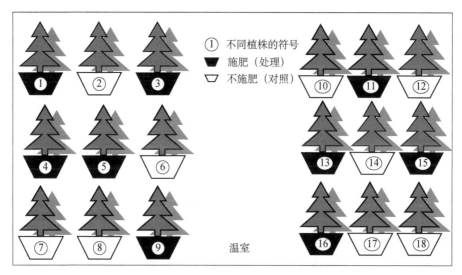

图 6-4 温室实验设计 4——随机化和穿插分散

在这种情况下,"处理的复现"和"分散"提供了最佳的保险,保证不会让偶然事件产生此类假的处理效应"[①]。由于施肥的植物和不施肥的植物随机分散在温室左边和右边,即便温室左右的环境因素有些差异,处理和对照都同时、随机地受到了影响,因此就排除了这些因素对相关结果的可能影响。

由上述生态学实验案例的分析可知,此类实验所涉及的"复现"是实验"内部"的"重现",是对实验"处理"或"实验单元"的"复现",其目的是消除随机因素或无关变量对实验结果的影响,从而确定所得实验结果就是由实验者所施加的处理产生的,使所得实验结果更准确和可靠。

---

① Hurlbert S H. Pseudoreplication and the design of ecological field experiments[J]. Ecological Monographs, 1984, 54 (2): 192.

需要说明的是，上述设计是理想分穿插分散随机设计，现实还有一些其他方式的随机设计，赫尔伯特针对图 6-2 中也作了说明。

完全随机化的设计（A-1）。简单随机化是将处理分配到实验单元上的最基本的和最直接的方式。所以，在生态学野外实验中经常使用这种随机化，至少当实验单元不是很大的时候（如池塘、1 公顷的区组等），通常只有每个处理的少数实验单元可用，复现 4 个是不常见的。在这种情况下，完全随机的分配创造了足够的机会去进行隔离的而不是空间上分散的处理。例如，当有 4 个复现的时候，随机偶然性的数量表给了简单的分离（B-1），约等于 3%，当有 3 个复现的时候是 10%。如此，赫尔伯特强烈赞同"完全随机化设计可能最适合于'小型实验'"的建议。

随机化区组设计（A-2）。这是生态学野外实验通常使用的一种设计，也是非常好的一种设计。在该例子中，研究人员定义了 4 个区组，每个区组由 2 个样地组成。就像其他"有限随机化"模式一样，随机化的区组设计降低了上述处理的偶然隔离的可能性。它组织了事先存在的梯度和"非魔鬼式侵入"模糊真实的处理效应或产生假的处理效应。正如防止"非魔鬼式侵入"一样，总是非常需要保证分散区组或某些其他程序。它不应该被看作一种技术，只适用于实验单元性质中已知的或者推测是存在的操纵前梯度。

如果用非参数性统计学来分析结果，这一设计有一个缺点。在显著性（$P \leq 0.05$）差异可以通过威尔科克森符号秩次检验（Wilcoxon Signed Ranks Test，对于设计 A-2 是恰当的检验）之前，6 个复现的最小化是必要的。但是，在显著性差异可以通过曼-惠特尼 U 检验（Mann-Whitney U test）（对于设计 A-1 是恰当的检验）之前，只有 4 个复现才是必要的。但是，至少在实践意义上，将一个 U 检验应用到来自设计 A-2 的实验的数据上，可能没有错，这样做应该没有增加我们产生假的处理效应的机会（即提高类型 I 错误的可能性）。并且这是评价此类混合方法的理性的可能的最佳标准。

系统设计（A-3）。这一设计采用了非常规则的处理分散，但是却有一个风险，即空间间隔是与实验区域的某些周期性变化性质重叠的。在多数野外情况下，这一风险非常小。

通过上面的论述和调查，可以发现：生态学实验"伪复现"不仅是存在的，而且在国内外广泛存在，这种存在不因统计技术的进步而消失。鉴此，加强这方面的研究和宣传，引起生态学界（尤其是中国生态学界）的关注，恰当地设计并贯彻实验，有意识地避免生态学"伪复现"出现，是非常必要的，也是当务之急。

第七章
生态学实验尺度的"实在性"探索

　　威瑟斯（Withers）和美因特梅耶（Meentemeyer）对 1990～1995 年的 100 多篇生态学论文进行了研究，总结出涉及生态学尺度问题的 12 个研究领域和 9 个思想路径。这些思想路径包括：在试验设计和分析中完全忽视生态学尺度；仅定性考虑尺度问题；仅考虑单尺度情形的研究；进行多尺度取样和分析；建立所研究变量和尺度之间的关系；进行跨尺度外推或内推的研究；进行多尺度上多过程之间相互作用的研究；进行尺度理论或假说的研究；等等。[①]这些问题需要我们认真对待，展开深入研究。

第一节　生态学实验尺度的分类及其内涵

　　考察生态学实验尺度，可以分为两个层面：一是不依赖于人类认识，为对象自身所固有，可以称之为"生态学实验的对象尺度"；二是通过人类操作（或观察，或测量，或分析、模拟等）对象认识到的，可以为对象自身所固有，也可以不为对象本身所固有，可以称之为"生态学实验对象的操作尺度"。对于第一个层面的尺度，是在本体论意义上而言的，属于"本体论意义上的生态学实验尺度"；对于第二个层面的尺度，是在方法论意义上而言的，属于

① Withers M A, Meentemeyer V. Concepts of scale in landscape ecology[M]//Klopatek J M, Gardner R H. Landscape Ecological Analysis: Issues and Applications. New York: Springer Publishing Company, 1996: 205-252.

"方法论意义上的生态学实验尺度"。要厘清生态学实验尺度的分类和内涵，首先必须厘清"尺度"的内涵以及生态学实验的对象尺度和生态学实验对象的操作尺度。

一、什么是尺度?

要理解生态学实验尺度，首先就要理解什么是尺度。

《汉语大词典》(简编)将其定义为："①规定的限度准则。②指计量长度的定制。③犹尺寸，尺码。"[①]《辞海》将其定义为："尺寸的定制。犹言标准、规则。"[②]《辞源》将其定义为："(一)计量长度的定制。(二)标准。"[③]《新时代汉英大辞典》将此译词对应为："尺度：standard; yardstick; criterion; measure。"[④]

由上述语言词典对"尺度"一词的定义看，其基本含义：一是计量长度的定制，二是标准、规则。

与上述汉语相对照，生态学家将 scale 译作"尺度"。此时，"尺度"(scale)一词的含义又如何呢?

根据《牛津英语词典》的定义，英文 scale 的含义如下：

(1)某事物的尺寸、规模、范围、程度，尤其当该事物与其他事物相比较时(the size or extent of something, especially when compared with something else);

(2)用来衡量事物的等级(层次)以及数字序列(a range of levels or numbers used for measuring something);

(3)事物的所有不同的从最低到最高的等级体系(the set of all the different levels of something, from the lowest to the highest);

(4)用来测量事物的工具上的固定间隔标度(刻度)(a series of marks at regular intervals on an instrument that is used for measuring);

(5)称量(衡量)人类或事物的工具(an instrument for weighing people or things);

---

① 罗竹风. 汉语大词典(简编)[M]. 上海：汉语大词典出版社，1998：1956.
② 舒新城. 辞海[M]. 上海：上海辞书出版社，1989：4199.
③ 商务印书馆编辑部. 辞源(修订本)[M]. 北京：商务印书馆，1983：902.
④ 吴景荣，程镇球，等. 新时代汉英大辞典[M]. 北京：商务印书馆，2000：205.

（6）事物的真实尺寸和表征它的地图、图表或模型上的尺寸之比例关系（the relation between the actual size of something and its size on a map, diagram or model that represents it）。

概括而言，就是：上述（1）之 scale 表示的是"尺寸"（size）；（2）、（3）之 scale 表示的是等级（level）或阶梯式的（ladder）数字变化；（4）之 scale 表示的是衡量标度（marks for measuring），如刻度、标尺等；（5）之 scale 表示的是衡器（weighing instrument），如秤、磅秤、天平等；（6）之 scale 表示的是地图、图表、模型中的缩放比例（zoom scale），如比例尺等。

比较上述中文之"尺度"以及英文 scale 之汉译"尺度"，可以发现，前者没有后者之"距离""范围""规模""长度""程度"等意思。也正是基于此，国内有学者认为，科学界将英文 scale 译作"尺度"一词不妥，而且，在科学研究过程中，某些科学家用"尺度"来表示"距离""范围""规模""长度"等，在汉语词语用法上没有任何依据。[①]

应该说上述看法有一定的合理性，但是也存在一定的欠缺。因为，在中国社会领域，"尺度"一词事实上已经被用来表示"距离""范围""规模""长度""程度"等意思，而且，scale 也并非如上文作者所言——"在英语科技文献中，scale 一词含有'距离'、'范围'、'规模'、'长度'等意思，而没有汉语的'尺度'的意思"[②]，因此，科学界将 scale 译作"尺度"是合理的。生态学实验尺度（scale）中的"尺度"也应该具有上述含义。

二、生态学实验的对象尺度

根据生态学家的一般分析，生态学实验对象的尺度可以分为时间尺度、空间尺度和组织尺度。所谓"时间尺度"，指的是绵延性；所谓"空间尺度"，指的是延展性；所谓"组织尺度"（或"组织层次"）（organizational scale 或 organizational level），指的是等级性，它"是生态学组织层次（如个体、种群、群落、生态系统、景观、区域和全球等）在等级系统中所处的相对位置"[①]。

---

① 杨新兴. "尺度"一词的用法值得商榷[J].《前沿科学》（季刊），2011，5（20）：26-29.
② 杨新兴. "尺度"一词的用法值得商榷[J].《前沿科学》（季刊），2011，5（20）：28.
① 张娜. 景观生态学[M]. 北京：科学出版社，2014：20.

生态学实验对象的时间尺度和空间尺度又可以分为什么类型呢？根据物理学的理论，其可以分为外在于实验对象的和内在于实验对象的，以此类推，生态学实验对象的时间尺度和空间尺度也可以分为这两类。

（一）外在于生态学实验对象的时间尺度、空间尺度

参照物理学时空观，外在于生态学实验对象的时间尺度、空间尺度有三种。

1. 外在于生态学实验对象且与其无关的时间尺度、空间尺度

这种状况非常类似于牛顿的绝对时空观。此时，时间、空间是外在的、平坦的、均匀的，与物质及其运动本身没有内在关系的，"时间、空间及其尺度"仅仅是生态学研究对象呈现及其演化的"绵延"及其"场所"；时间是一条直线，时间、空间可以任意分割，表现为局部与整体在任意情况下完全相同的均匀线性自相似分形体系；时间是可逆的，不具有方向性，只有量的规定而没有质的规定，并不反映世界的进化或退化，只是标志机械运动量的变化大小。"因为牛顿把作为一切进化过程根基的不可逆变化排除了"[①]，因此，"自然界本身没有时间上的历史发展，仅仅是在空间上展现自己的多样性"[②]。总而言之，这样的世界不是一个进化的世界，而是一个原则上从现在既可以走向过去也可以走向未来，而不会改变该系统基础的世界。这点正如钟表或简单机械一样。

与牛顿的绝对时空观相对应，时间尺度、空间尺度外在于生态学研究对象，并且与生态学对象无关。如果是这样，则"时间、空间及其尺度"就不仅单纯作为生态学研究对象呈现及其演化的度量工具，而且其自身的呈现和演化与生态学研究对象的"时间、空间"量度无关。

2. 外在于生态学实验对象且与其相关的时间尺度、空间尺度

这种状况对应于爱因斯坦的狭义相对论和广义相对论时空观。

根据爱因斯坦的狭义相对论所揭示的"尺缩钟慢"效应，当物体高速运动时，运动物体的长度缩短，运动的时间变长，由此，时间、空间与物体的运动状态有关。

---

① 拉兹洛. 进化——广义综合理论[M]. 北京：社会科学文献出版社，1988：24.
② 赵玲. 论自然观变革中的时间观问题[J]. 科学技术与辩证法，2001，18（4）：7.

不过，在狭义相对论中，空间距离作为不变量与类时间隔等价且满足洛伦兹变换，对应于闵可夫斯基四维空间几何，时间、空间在线性变换下保持不变，即物理学规律与原点的选择无关，也与空间坐标原点的选择无关。这点使得它与牛顿力学有一点相同，即都是建立在时空均匀、对称这一相同的基点之上，并且使得整个宇宙变成一个本质上没有演化、没有时间性的整块宇宙。

根据爱因斯坦的广义相对论，物质密度越大的地方，引力场越强，空间曲率越大，时间节奏越快，时空弯曲得也越厉害。这就是所谓的"时空弯曲"效应。这种效应表明物质自身的属性会直接影响到时空属性，时空属性会随着物质存在的不同而不同，没有物体的时间、空间是不存在的。在这里，时间以及空间已经不是均匀的了。

如果在生态学中是这样的时间、空间及其属性，则时间尺度、空间尺度虽然外在于生态学研究对象，但是，生态学研究对象自身的状态会影响时间尺度、空间尺度及其度量。

考察上述三种时间尺度和空间尺度，可以发现，它们或者与生态学实验对象本身无关，或者虽与生态学实验对象本身有关，但是，只有外在的关系，对象本身可以影响到时间尺度和空间尺度，而时间尺度和空间尺度没有成为对象的内生变量。如此，时间尺度和空间尺度是外在于生态学实验对象的，可以称之为"外在尺度"（extrinsic scale）或者"随附尺度"（supervene scale）。

（二）内在于生态学实验对象的时间尺度、空间尺度

根据热力学第二定律，孤立系统的"熵"会增加，会走向"热寂"，从而导致该系统的某一时刻绝不会与过去某一时刻完全相同。据此，普里戈金认为："对于一个孤立系统的物理过程，它的两个状态之间是可以分出前后的，熵更大的对应于时间上更后的。"[①]这就是时间的不可逆性。

与上述孤立系统相反，普里戈金认为："热力学第二定律并不意味热力学系统的单向退化（热寂），它也是进化的原动力，熵最大状态只是演化的终态，

---

① 伊·普里戈金，伊·斯唐热. 从混沌到有序[M]. 曾庆宏，沈小峰，译. 上海：上海译文出版社，1987：27.

而在演化过程中不可逆性会导致自组织的出现。"①对于像生态学对象这样的开放系统，普里戈金创立的耗散结构理论表明，属于远离热力学平衡的开放系统，能从外部环境获得必要的负熵，用以抵消系统内部由于热力学第二定律的作用所自发产生的熵（熵增），从而形成更加有序的结构。这一过程是通过涨落（系统对宏观平均状态的一种偏离，或随机性或开放性）实现的。通过涨落，系统向更加复杂的方向进化。在生态系统的进化中，系统未来到底采取哪一种状态，一是取决于系统过去状态的性质，即系统本身的历史因素；二是取决于系统内部涨落所具有的特征；三是取决于外部环境的作用。如此，使得生态学系统或走向繁荣，或走向衰落。

无论是系统的繁荣（熵减），还是衰落（熵增），其中的时间已经不再外在于系统之外，成为系统外的一种因素（运动的存在方式）和衡量生态学对象的单纯的量的属性，而在于它本身表示着生态学对象演化的方向本身，成为生态学对象的一种参量、一种动力。这就是"内部时间"的概念。内部时间是系统的内部变量，是事物的内部属性，由它所决定的熵区分了系统的过去和将来。一个系统由潜熵向熵的转化就是系统生命演化的动力，因此，系统所具有的"转化能力"本身就是系统生命的标志，而描述这一能力的参量——"熵"是内部时间的函数。内部时间决定了系统的演化，对应于生命本身，成为系统的内部动力。

在这里，时间尺度和空间尺度并非外在于生态学研究对象，而是内在于它们并且使其成为它们的不可或缺的一部分，甚至成为生态学对象的本质属性。如此，时间尺度和空间尺度就不是外在于生态学实验对象的参量，而是内在于它们，是它们本身固有的，属于内在尺度（intrinsic scale）。

分析内在尺度，它是事物本身内在的尺度，是事物本身所具有的，具有本征的意义。类似地分析外在尺度，虽然它是外在于生态学实验对象的，但是，它是客观存在的，也具有本征的意义。两者都属于"本征尺度"（eigen scale）。

---

① 伊·普里戈金，伊·斯唐热. 从混沌到有序[M]. 曾庆宏，沈小峰，译. 上海：上海译文出版社，1987：344.

三、生态学实验对象的操作尺度

这一种类的尺度是就对生态学实验对象的观测或分析模拟而言的，前者称为"观测尺度"（observation scale），后者称为分析或模拟尺度（analysis or modeling scale）。[①]

至于观测尺度，实际上就是生态学实验者进行观测所涉及的尺度。由于仪器设备限制，也由于某些生态学对象的复杂以及相关尺度的广大，在实际操作过程中，就需要选择合适的实验单元，在合适的尺度上取样和测量。也正因为这样，有学者认为，观测尺度"也被称作取样（sampling）尺度或测量（measurement）尺度，涉及取样单元的大小（粒度）、形状、间隔距离及取样幅度，来源于地面或遥感观测"[②]。这包括粒度、幅度（extent）、间距（lags或 spacing）、比例尺（cartographic scale）等。

所谓"时间粒度"（temporal scale），是指某一现象或事件发生的（或取样的）频率或时间间隔，如野外测量生物量的取样时间间隔（如半个月取一次）、某一干扰事件发生的频率或模拟的时间间隔，等等；所谓"空间粒度"（spatial grain），是指生态学实验对象中最小可辨识单元的特征长度、面积或体积，如斑块大小、实地样方大小、栅格数据中的网格大小及遥感影像的像元或分辨率大小，等等。所谓"间距"，指的是相邻单元之间的距离，可用单元中心点之间的距离或单元最邻近边界之间的距离表示。所谓"分辨率"，就图像而言，指的是单位英寸中所含的像素点数。所谓"比例尺"，指的是对象之真实的尺度与地图或者标尺中的比例。

不仅如此，在实际的生态学研究实践中，还需要确定生态学实验对象在空间或时间上的持续范围或长度等，这被称为"时间或空间幅度"。

至于分析或模拟尺度，主要是在尺度分析和模拟中所涉及的尺度。如果说观测尺度更多的是在实践操作层面，则分析或模拟尺度更多的是在理论操作层面。

---

① 从这里关于生态学实验对象的操作尺度的定义看，"操作"一词既有动手操作的含义，也有思维操作的含义，"生态学实验对象的操作尺度"是在这两个层面而言的。

② 张娜. 景观生态学[M]. 北京：科学出版社，2014：21.

无论是"观测尺度"还是"分析或模拟尺度",都是努力去呈现或解释自然界中存在的"本征尺度"①,就此,这类尺度可以称为"表征尺度"(representation scale)。表征尺度不是事物自身的尺度,而是由认识者所构建的用来表现和解释事物的尺度。

第二节　生态学实验对象尺度的客观性

这涉及生态学实验对象尺度是否存在的问题。对这一问题的回答,与时间、空间是否存在有关。如果它们存在,则生态学实验时间尺度、空间尺度才可能是存在的。否则,尺度肯定也不存在,因为一谈到尺度,总是在时间、空间基点上谈的,是随附于时间、空间的。

一、时间、空间存在吗?

时间、空间在本体论上存在吗?关于这一问题,哲学史上存在着激烈争论。一种观点认为,时空并不存在,只是人类主观建构的产物;另外一种观点认为,时空是存在的,只是针对"这是一种什么样的存在"这一问题存在着争论。

（一）时间是一种什么样的存在?

在关于时间是客观的还是主观的这一问题上,哲学家和科学家呈现出明显的对立阵营,以下给出他们各自不同的看法。

康德认为,时间是纯粹的直观,"因而属于我们心灵的主观性质"①。时间依赖于感性直观,而不依赖于物质对象,更不是一种外在于事物的供其运动的容器式的真实存在,就其而言,它是不同于莱布尼茨的时间观的——莱布尼茨把时间当作是一种隶属于对象自身的实质、关系或基本属性的存在。

---

① 这里一定要区分内在尺度(intrinsic scale)、特征尺度(characteristic scale)和本征尺度(eigen scale)。针对生态学实验对象,内在尺度和特征尺度都属于本征尺度,本征尺度不单纯是内在尺度和特征尺度,内在尺度不等同于特征尺度。就此而言,国内许多论文和著作中把 intrinsic scale 译成"本征尺度"是错误的,而且把"特征尺度"当成"本征尺度"或者"内在尺度",也是不恰当的。

在康德之后，其他许多哲学家对时间的看法虽与他有所不同，但大多持有时间主观论。黑格尔认为，时间是纯粹自我意识统一的原则；胡塞尔认为，时间是纯粹意识的统摄构造；海德格尔认为，时间是此在在场形成的；德里达认为，时间是差异的踪迹形成的。由此，他们的时间观倾向于主观化，鲜有客观化。

值得提出的是柏格森和怀特海的观点。他们两人都深受进化论的影响，都认为时间流是一个重要的形而上学事实，关系到万物的本质和存在的普遍原则。柏格森认为，数学或物理学中的时间概念并没有真正抓住时间的本质，它们是可逆的（如牛顿力学的基本定律不因时间 t 改为$-t$ 而改变），其中没有什么新事物出现。而"真正的时间"，即进化的时间，是不可逆的，表现出世界的"创造性进化"，其中总是涌现（而不是"展现"）新奇的事物。怀特海认为，现代形而上学（即哲学）的显著特征就是"认真地对待时间"，认识到世界是一个过程。

亚里士多德认为，时间是"关于前后的运动的数"[1]，时间既不是运动，也不能脱离运动，而是"使运动成为可以计数的东西"[2]。由此使得时间与运动联系在一起，呈现客观化的状态。

牛顿进一步丢掉时间和运动的联系，认为："绝对的、真正的和数学的时间自身在流逝着，而且由于其本性而在均匀地、与任何其他外界事物无关地流逝着。"[3]如此一来，牛顿理论中的时间值是不受观测或其他因素影响的数，因而被称为"绝对时间"，时间呈现绝对的、均匀的线性流动，不受它物影响。

爱因斯坦本人对牛顿的绝对时空观提出了批判。他认为，牛顿的绝对时空观把空间、时间与物质分割，认为空间和时间同物质一样都是独立的实在，且彼此分割，没有联系，是错误的。[4]而且，牛顿的绝对时空观同物质的机械运动密切相关，是描述物体的机械运动的一种抽象的产物，"这种理论纲领本质上是原子论的和机械论的"[1]。爱因斯坦宣称：只存在观测到的相对于各

---

[1] 亚里士多德. 物理学[M]. 张竹明, 译. 北京：商务印书馆, 1982：125.
[2] 亚里士多德. 物理学[M]. 张竹明, 译. 北京：商务印书馆, 1982：125.
[3] H. S. 塞耶. 牛顿自然哲学著作选[M]. 上海：上海人民出版社, 1974：19.
[4] 爱因斯坦. 爱因斯坦文集（第一卷）[M]. 许良英, 范岱年, 译. 北京：商务印书馆, 1976：550.
[1] 爱因斯坦. 爱因斯坦文集（第一卷）[M]. 许良英, 范岱年, 译. 北京：商务印书馆, 1976：292-293.

种参考系的相对时间，不存在与观测无关的绝对时间。爱因斯坦将这种观测到的、随参考系速度而变化的时间称为"真实时间"；时间是相对的，可以收缩膨胀，受速度等因素影响。

普里戈金认为，混沌并非混乱不堪、毫无规则，而是在其表观混乱的背后，存在着多样、复杂、精致的结构和规律，存在着貌似无序的复杂有序，一种非平庸的有序，一种与平衡运动和周期运动本质不同的有序运动。这就是非平衡系统中的非线性运动的时间概念，呈现出"时间之矢"以及"内时间"状态。[①]

霍金认为，时间有缝隙，时间是多元化的，至少有三种不同的表现时间方向或时间箭头的科学，由此有三种不同的时间箭头——"热力学时间箭头""心理学时间箭头""宇宙学时间箭头"。[②]

从科学史上时间观的上述梳理可以看出，科学关于时间的认识内涵虽然发生了变化，由线性、可逆、均匀、绝对的时间观走向非线性、不可逆、收缩膨胀、相对的时间观，但是，关于时间的客观性这一点并没有改变。

（二）空间是一个什么样的存在？

一种观点认为，空间并不客观存在，它们只是人类的主观建构。这种观点的典型代表人物是康德。他认为："空间不是某种客观的实在的东西，它既不是实体，也不是偶性，也不是关系；而是主观的东西，是观念的东西，是按照固定的规律仿佛从精神的本性产生出的图式，要把外部感知的一切都彼此排列起来。为空间的"实在性"辩护的人们，要么把它设想为可能事物的无条件的、不可测度的容器，这种观点在英国人看来为大多数几何学家所赞同；要么就主张它是存在的事物关系自身，取消了事物，这种关系就化为乌有，仅仅在现实的东西那里才是可设想的，按照莱布尼茨的观点，它对于我们大多数人来说就是这样。"[①]

考察科学的发展史，与上述观点有所不同。

① 伊·普里戈金，伊·斯唐热. 从混沌到有序[M]. 曾庆宏，沈小峰，译. 上海：上海译文出版社，1987.
② 斯蒂芬·霍金. 万有理论：宇宙的起源与归宿[M]. 郑亦明，葛凯乐，译. 海口：海南出版社，2004：102.
① 康德. 康德著作全集（第二卷）[M]. 李秋零，译. 北京：中国人民大学出版社，2004：412.

　　如对于"空间存在吗"这一问题，古希腊原子论者留基伯和德谟克利特就有涉及。在他们那里，虚空（空间）是存在的，不过，这样的虚空独立于原子而存在，是原子运动和变化的场所。

　　原子论的上述空间思想得到亚里士多德的赞同。他虽然不赞同原子论，但是却认为空间不仅存在，而且"比什么都重要"，万物离开空间无法存在，空间却可以离开万物而存在。正是在这个意义上，亚里士多德认为，赫西俄德所谓的"万物之先有混沌，然后才产生宽广的大地"之说，是很有道理的。[①]

　　到了笛卡儿那里，广延性的物质占有一定的空间，广延是物质的根本属性，空间的广延性也是物质的广延性，因此没有虚空的实在空间，由此，物质实体不能离开空间而存在。不过，他进一步认为，空间同样也无法离开物体独立存在，即"虚空"也不存在。一般来说，我们说某个空间是"虚空"，并不是因为里面真的空无一物，而只是因为其中没有包含"可感知的事物"。如果我们认为被称为"虚空"的那个空间，不但不包含可感知的对象，而且根本不包含任何对象，那我们就错了。[②]

　　牛顿并不完全赞同笛卡儿的观点。他认为，时间和空间是绝对的存在，时间可以离开物体而存在，而物体则在时空中运动变化，时空只是物体运动变化的绵延和场所，并不与物体内在关联。

　　牛顿的上述看法得到洛克等人的赞同，但是，却遭到莱布尼茨的坚决反对。莱布尼茨认为，空无一物的"虚空"或真空，或者说离开物质而独立存在的"自在空间"或"虚空"是不存在的，是人们的一种想象。他指出："空间就其本身来看和时间一样是观念性的东西，所以世界之外的空间应该是想象的东西。"[③]

　　莱布尼茨的观点在当时就被很多受牛顿影响的科学家和哲学家所反对。他们认为，虚空或真空的存在是不容否定的，人为地进行实验可以制造出"真空"。

---

① 亚里士多德. 物理学[M]. 张竹明，译. 北京：商务印书馆，1982：93.
② 笛卡尔. 哲学原理[M]. 关文运，译. 北京：商务印书馆，1959：42.
③ 莱布尼茨，克拉克. 莱布尼茨与克拉克论战书信集[M]. 陈修斋，译. 北京：商务印书馆，1996：63.

科学的发展似乎表明莱布尼茨观点的错误。不过，过了 200 多年，电磁场理论和相对论表明，在没有空气的"真空"中，还有电磁场、引力场的存在；现代量子场论表明，真空"并非一个完全空的区域，而只是一个具有最低可能能量的空间区域"[①]，可被看作处于基态的量子场。

不仅如此，爱因斯坦的广义相对论表明，物质和能量的分布决定空间的"弯曲"程度和分布，物质和能量与空间不可分离。

上述的哲学史和科学史表明，时间、空间并非单纯地是人类主观建构的概念，而是客观存在的，否则自然科学关于时间、空间的相关研究也就是很难想象的了；空间并非依附于我们内心的主观性状或直观形式，而是现实的存在，只是这样的存在是否外在地独立于事物，还是内在地成为事物的属性或关系，值得进一步探索。

哈维（Harvey）根据牛顿和爱因斯坦及莱布尼茨关于空间的观点，把空间分为绝对空间、相对空间和关系空间。他说："如果空间被我们视为绝对，那么它就会成为某个'物自体'独立于物质而存在。如此一来，它便获得某种我们用以对现象进行区分或定位（pigeonhole or individuation）的结构；相对空间观（view of relative space）则认为空间应被理解为物与物之间的关系，这种关系的存在只是由于物体存在并相互关联；第三种方式将空间看作相对的（relative），我倾向于将其称为关系空间（relational space）——莱布尼茨所理解的那种空间，某一物体仅就其在自身中容纳和表现与其他物体的关系而言，它才存在，在此意义上，空间被视为盛放于物体之中的存在。"[②]

二、时间、空间内在于生态学实验对象而存在

根据前述时间、空间与生态学实验对象的关系，可以分为以下三种：外在于生态学实验对象且与其无关的时间尺度、空间尺度；外在于生态学实验对象且与其相关的时间尺度、空间尺度；内在于生态学实验对象的时间尺度、空间尺度。在生态学实验中，究竟哪一种比较恰当地反映了生态学实验对象

[①]　狄拉克. 物理学的方向[M]. 张宜宗，郭应焕，译. 北京：科学出版社，1981：15.
[②]　哈维. 作为关键词的空间[M]//陶东风，周宪主编. 《文化研究》第 10 辑. 北京：社会科学文献出版社，2010：46.

的本质特征呢？关于这点，可以通过考察生态学实验对象的本质特征获得。

生态学实验对象直接的就是自然界中存在的对象（野外实验），间接的是对自然界中存在的对象的模拟（实验室实验），归根结底仍然是自然界中存在的生态学对象。这样的对象，是系统的、进化的、历史的和自组织的，具有复杂性、有机整体性、非决定性、生成性等特征，由此决定了它与时间、空间之间的关系呈现出以下几方面的特点。

第一，生态学实验对象，面对的是自然自身，是存在演化的，是一个进化的世界，因此，其中的时间应该是不可逆的，即使我们不能完全否认时间、空间外在于生态学实验对象自身。

第二，生态学实验对象，从种群、群落、生态系统、景观、区域到全球，其中并未包含高速微观的对象，因此，狭义相对论意义上的时间、空间及其与物质运动关系并不存在，但是，如果从区域和全球的角度来看，应该是涉及广义相对论时空观的，此时，大尺度的生态学对象是会影响到时空属性的。

第三，对于生态学实验对象，是一生命有机体系统。在这一系统内部，各部分之间相互联系、相互作用，形成一个具有内稳态属性的共存的存在；在这一系统的外部，外部环境与该系统相互作用，进行着物质、能量、信息的交换，使系统的运动变化延续下去。这也表明，生态学系统不是构成性的存在，而是生成性的存在，是在不断演化、发展的。一个系统由过去走向现在，并不意味着该系统的过去的消失，而是过去的信息整合到现在的系统中，使现在的系统比过去更为复杂和进化。如此，系统就在不可逆的时间中展开，时间成为该系统的内生变量，推动该系统的演化和发展。这样的时间可称为生态学的"内部时间"。

对于"内部时间"，时间在生态学的对象中，而不是生态学的对象在时间中；时间由系统演化的不可逆"动势"而产生，时间的指针不是机械运动，而是由生命演化带动的；时间呈现出不可逆性，并且与生命系统的演化阶段的状态或进化程度相对应。

总之，对于生态学实验对象，尤其是复杂的生态学实验对象，它们与时间、空间的关系是：不是先有时间和空间，后有物质，也不是先有物质，后有时间和空间，而是两者不可分离；不是事物离不开时间和空间，或者它们存在于时间、空间之中，而是它们本身就蕴含着时间、空间，并成为其本质存在的一部分。时间不是线性的，空间不空，时空与事物紧密关联，体现于事物的结构以及事物之间的关系，甚至本身成为事物的内生变量，决定着事物的属性或存在形态，并因此成为世界存在的基础。

由此，生态学时间和空间都属于"内部时间"和"内部空间"：生态学实验对象的时间、空间属性依赖于生态学对象的运动变化，并随其运动变化呈现出不同的特性，如时间、空间的非均匀性、非平直性、非可逆性等；生态学实验对象的运动变化依赖于生态学对象的时间、空间属性，并随着时间、空间属性及其尺度的不同而呈现出不同的特征。对于生态学实验对象而言，时间、空间在物质中，物质在时间、空间中，离开时间、空间的生态学实验对象，与离开生态学实验对象的时间、空间一样，都是难以想象的。这点正如恩格斯所言："所有存在的基本形式是空间和时间，离开时间的存在和离开空间的存在同样是最大的荒唐。"[①]

如此一来，在生态学实验对象那里，时间、空间并非外在于它们而独立存在，而是内在于它们，与它们共存，并成为它们存在的不可缺少的一部分。时间、空间存在于一切生态学实验对象中，存在于一切生态学对象之间的关系之中，生态学之时间、空间同时也是"关系空间"。

三、时间尺度、空间尺度存在吗？

既然时间、空间是存在的，那么，对于生态学实验对象来说，其时间尺度、空间尺度是否存在呢？关于这一问题，在生态学界存在不同的看法。

一种观点认为，生态学实验对象的时间尺度、空间尺度是存在的。特纳（Turner）认为，尺度是指一个物体或一个过程的时间、空间幅度。[②]这里的尺度指向生态学实验对象的层面，涉及的是对象自身及其属性之时间、空间尺度。这就从本体论上承认了尺度的存在。它为对象自身所固有，不依赖于实验者的意志转移，属于本体论的范畴。

---

① 恩格斯. 反杜林论[M]. 北京：人民出版社，1963：52.

② Turner M G, Gardner R H, O'Neill R V. Landscape Ecology in Theory and Practice[M]. New York：Springer-Verlag，2001：22-34.

另一种观点认为,生态学实验对象的时间、空间尺度不存在,如艾伦(Allen)和斯塔尔(Starr)认为,尺度是能整合或流畅地产生信息的一段时间或空间。尺度既可以是离散的,也可以是连续的,不具有本体论地位,只要能用来更好地理解和观察包括信息在内的生态学过程与现象就行。[①]由此,在他们看来,尺度只具有方法论和认识论的价值,只是建构出来的作为描绘某个层次对象属性的概念,并不是生态现象与过程的本质特征。

考察生态学实验对象的性质与其时间、空间之间的关联,可以发现,其时间尺度、空间尺度是存在的,并且与生态学对象本身不可分离。

四、生态学实验对象的"尺度效应"

如果时间、空间相对于生态学实验对象是"内部"的和"关系"的,那么,随着这样的时间、空间尺度的变化,生态学实验对象的要素类型、组合以及属性也会发生变化,这在生态学中称为"尺度效应"(scale effect)。如在景观生态学中,景观的各组成要素以及属性会随着时间、空间的变化呈现不均匀性和复杂性,甚至使得景观格局(景观的组分构成及其空间分布形式)发生改变。这叫景观异质性,典型地表现在"斑块"改变上。所谓"斑块","又称缀块或拼块,是依赖于尺度的,与周围环境(基质)在性质和外观上不同,表现出明显边界,并具有一定内部均质性的空间实体"[②]。

如孙贤斌等基于 GIS 技术和主成分分析方法,对 1950 年、1967 年、1983 年和 2000 年挠力河流域湿地景观斑块特征与斑块内植物群落多样性之间的关系进行了研究。结果表明:1950～2000 年间,研究区湿地斑块平均面积逐渐减小,能够维持 2 种及 2 种以上植物群落的斑块数量逐渐减少,最小斑块面积为 10.1 平方千米;湿地斑块面积与植物群落多样性指数和群落类型数均呈现显著的正相关关系($P<0.01$)——湿地斑块面积越大,维持植物群落多样性的能力越强;随着湿地斑块面积的逐渐减小,斑块破碎化指数和分维数逐渐增大,形状指数和斑块内植物群落多样性指数逐渐减小;随着湿地斑块空间

---

① Allen T F H, Starr T B. Hierarchy: Perspectives for Ecological Complexity[M]. Chicago: The University of Chicago Press, 1982: 18.

② 张娜. 景观生态学[M]. 北京:科学出版社,2014:18.

分离度的增大，斑块内植物群落多样性指数呈减小趋势；主成分分析结果显示，研究区湿地斑块面积大小是影响斑块内群落多样性的最重要因素，其次为斑块的破碎化程度和分离度。[①]

再如张娜等以内蒙古河套灌区为研究对象，利用经典统计学与地统计学相结合的方法，对 1 千米、4 千米、8 千米 3 个样点间距下不同土层（0～20 厘米、20～40 厘米、40～70 厘米与 70～100 厘米）有机质含量的空间变异及尺度效应进行分析。经典统计结果表明，不同尺度下有机质含量均值的变异程度均随着土层深度的增加而增加，其在 0～20 厘米和 20～40 厘米土层随着尺度的增加而变大。地统计分析结果显示，不同尺度、不同土层有机质含量均具有强烈的空间自相关，且其空间分布主导影响因子为土壤类型。各尺度不同土层有机质空间分布均存在一定程度的方向性，其在小尺度（1 千米）表现为东西方向上的条状变异；在中尺度（4 千米）及大尺度（8 千米）均在土壤表层的东—西和西北—东南方向存在强烈的空间变异性。各尺度下有机质的普通克里格插值交叉验证的均方根误差均小于 1，说明样本的空间变异均被高估。研究结果对于理解土壤有机质空间分布具有重要意义，为农业技术研究中野外采样系统设计提供一定的参考。[②]

第三节 正确认识生态学实验的对象尺度

根据前面的论述，生态学实验的对象有其自身内在的时间尺度和空间尺度，这种尺度与该对象属性呈现不可分离。由此，就对生态学实验者提出一个必须面对和回答的问题：如何正确认识生态学实验的对象尺度呢？

一、按照生态学实验的对象尺度操作实验

生态学实验的尺度分为生态学实验的对象尺度和生态学实验对象的操作

---

① 孙贤斌，刘红玉，张晓红，等. 斑块尺度湿地植物群落多样性的维持能力[J]. 应用生态学报，2009，20（3）：579-585.
② 张娜，张栋良，屈忠义，等. 不同尺度下内蒙古河套灌区有机质空间变异[J]. 生态学杂志，2016，35（3）：630-640.

尺度。前者属于本体论层面，分为时间尺度和空间尺度。按照与生态学实验对象的关系，它又进一步分为外在于生态学实验对象的尺度（外在尺度）和内在于生态学实验对象的尺度（内在尺度）。外在尺度和内在尺度统称为"本征尺度"。后者属于方法论层面，也可以类似于生态学实验对象分为时间尺度和空间尺度，只不过此时时间尺度和空间尺度是由实验者在观测和分析或模拟生态学实验对象过程中所识别、选择、分析、模拟的尺度，统称为"表征尺度"。

考察生态学实验，随着实验者观测尺度和分析或模拟尺度的不同，生态学实验对象呈现出来的组成、结构、功能、性质和地位等可能不同，继而导致对生态学实验对象的认识不同。这是另外一种不同于本体论意义上的自在的生态学实验对象的"尺度效应"，是由生态学家通过一定的方法认识到的，可以称之为方法论意义上的"尺度效应"。它依赖于实验者对生态学实验对象尺度的操作。操作的不同，会导致关于生态学实验对象的尺度以及"尺度效应"认识的不同，也会导致"表征尺度是否与本征尺度相符"以及"所认识的生态学实验对象的'尺度效应'是否与生态学实验对象本身的'尺度效应'相符"的问题。

由于取样和测量的粒度和幅度来源于地面生态学对象以及遥感观测，因此，此分辨率和比例尺等受到限制；也由于粒度和幅度的选择与人类自身紧密相关，因此，有关粒度和幅度的选择和确定具有一定的主观性；更由于分析和模拟尺度直接地并主要地是在思维层面进行的，因此，此思维的建构性就更大。所有这些必然导致所认识到的生态学实验对象的尺度及其相关性质，有可能与生态学实验对象自身固有的尺度和相关性质不相符合，从而涉及认识论的真理问题。这可以看作是"认识论意义上的生态学实验尺度"。其中所涉及的问题可以称为"生态学实验尺度认识论"问题。

按照生态学实验认识的宗旨和目标，实验者应该采取一切措施，恰当地识别、选择、分析和模拟相应的尺度，努力实现方法论意义上的尺度、尺度效应与本体论意义的尺度、尺度效应相契合，最终获得对生态学实验对象自身的尺度以及"尺度效应"的正确认识。这就是"生态学实验尺度关联实在论"，是在认识论层面而言的。

上述关于生态学实验尺度分类及其认识意义关联，见图7-1。

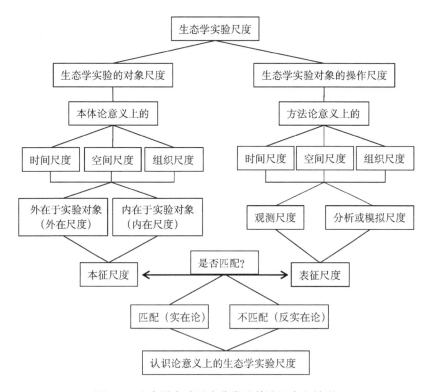

图 7-1　生态学实验尺度分类及其认识意义关联

二、正确处理时间、空间与生态学实验对象的关系

考察生态学实验研究实践，有相当一部分生态学家或者对时间、空间的各种科学观点以及哲学观点缺少认识，或者根本就不考虑生态学对象与时间、空间之间的关系，而以一种朴素的、绝对的时间观和空间观来看待生态学实验对象。在他们那里，时间、空间与生态学实验对象的组成、结构、功能、性质、关系、行为等没有关系，时间与空间没有关系，时间、空间仅仅是他们用来度量生态学对象运动变化的工具。

这种倾向是不完整的，甚至是错误的。不可否认，生态学实验对象中不乏类似于牛顿经典力学中的那些物理学对象，可以秉承绝对时空观以时间、空间作为工具对它们进行认识，但是，对于生态学主要研究对象如种群、群落、生态系统、景观等，应该明确它们是一个进化的、复杂的、自组织的、生命的系统，或者应该用爱因斯坦的"相对时空观"来看待它们，或者应该用普里戈金的耗散结构理论之"内时间"乃至引申出来的"内空间"来看待它们，或者应该用莱布尼茨的"关系时间"和"关系空间"来看待它们。

如果用爱因斯坦的"相对时空观"来看待生态学实验对象，此时应该考虑并明确下列问题：生态学实验对象究竟是一个怎样的存在？针对这一存在，时间、空间真的与它们没有内在关系而仅有外在的关联，而且这样的外在关联并不像牛顿的"绝对时空观"那样仅起度量作用？时间、空间与生态学实验对象的关联，是如狭义相对论所表示的那样：生态学实验对象所具有的组成、结构、性质如何影响到其时间、空间的度量？还是如广义相对论那样，生态学对象所具有的组成、结构、性质影响到其时间和空间属性，或者进一步影响到生态学实验对象的时间和空间表征？

如果用普里戈金的耗散结构理论之"内时间"乃至引申出来的"内空间"来看待生态学实验对象，则时间、空间与其起源、演化有着内在的关联。一方面，要考虑并研究生态学实验对象时间与其演化的不可逆性之间的关联，并且在认识的最终结果表示式（表征）中表示出来；另一方面，要研究该实验对象内部结构及其空间属性，以及这样的属性与该实验对象之性质、功能的关联，还要研究该实验对象与环境之间的空间结构，以及这样的结构对于该空间结构对实验对象与环境之间关系的影响。"生态学的一个根本原则是，生态系统（各组成部分）的内在相关性造就了生态系统的过程和物理属性。为了进一步研究这些过程，我们建议，相互关系的强度能定义生态过程的内在尺度，以及解决这些问题的最恰当的层次。"①

如果用莱布尼茨的"关系时间"和"关系空间"来看待生态学实验对象，则其中的时间、空间，就既不是独立于生态学实验对象而存在，与生态学实验对象无关，而仅起容器和度量作用；也不是去反映生态学对象与时间、空间之间的关系，如生态学对象的运动状态影响到其时间、空间表达，或者影响到时间、空间属性；而是生态学实验对象之间以及对象内部诸事物之间、对象与外部环境之间的并存的秩序。这样一来，时间、空间不仅不能独立于生态学实验对象而存在，而且也不能独立于生态学实验对象所涉及的各种关

① Carlile D W，Skalski J R，Batker J E，et al. Determination of ecological scale [J]. Landscape Ecology，1989，2（4）：203-213.

系而存在，时间、空间蕴含于生态学实验对象所涉及的各种关系中。如此，也就将时间、空间从绝对时空观的"无物质""无变化"，相对时空观的"有物质""无演化"，"内部时空观"的"有物质""有演化"，推进到"有物质""有能量""有信息""有演化"。这里之所以加上"有信息"是因为"关系"是与分形、等级、自组织、耗散结构、混沌、复杂适应系统、非线性动态、过程、发育、生成等紧密关联，也就是与信息紧密关联。

从目前生态学家在进行生态学实验过程的表现看，利用"相对论的时空观"以及"内部时空观"研究生态学的有一些，如《系统生态学导论》[①]，但是，利用"关系时空观"来研究生态学的还不是很多，只是在某些领域，如帕滕（Patten）生态网络理论[②]中有所体现。此时，空间和时间成为生态学对象的存在方式。

可以肯定的是，当代生态学研究（包括生态学实验），以这两种时空观来看待生态学研究对象以及进一步探讨具体的科学研究方法的并不多。在这种情况下，有学者认为可以采取继承创新的策略："容器空间观需要放弃，但与之相关的位置、处所、场所、度量等概念则可以在新的意义下保留下来，犹如在新的意义下保留空间一词一样。更为重要的是，空间、场所、处所、位置等概念要同关系和广义的场的概念融合起来。在这种融合之下，它们都可以被用来表达个体和事物自身，而不再是外加在它们身上的外套或包装它们的礼盒；它们是抽象地描述事物和个体整体关系的一部分的用语，而不再是表示同事物和个体平行的实在的词汇；它们都要在个体和事物自身关系之下来理解，而不再是在事物、个体与空间之间的关系中被谈论。"[①]

---

① 乔根森. 系统生态学导论[M]. 陆健健，译. 北京：高等教育出版社，2013.

② Patten B C. Environ theory and indirect effects: A reply to Loehle[J]. Ecology，1990，71（6）：2386-2393；Patten B C. Environs: The superniches of ecosystems[J]. American Zoologist，1981，21（4）：845-852；Patten B C. Network integration of ecological extremal principles: Exergy，emergy，power，ascendency，and indirect effects[J]. Ecological modelling，1995，79（1-3）：75-84；Patten B C. Network perspectives on ecological indicators and actuators: Enfolding，observability，and controllability[J]. Ecological Indicators，2006，6（1）：6-23；Patten B C. The cardinal hypotheses of holoecology: Facets for a general systems theory of the organism-environment relationship[J]. Ecological Modelling，2016，319（C）：63-111.

① 王中江. 关系空间、共生和空间解放[J]. 中国高校社会科学，2017，2：85.

三、选择恰当的"粒度"和"幅度"进行实验

在生态学实验中,"粒度"是用以分析给定数据集的空间或时间分辨率,"幅度"是研究的尺寸和测量所进行的整个持续时间。[1][2]它们是生态学实验研究的基础,因为,生态学实验不可能在任意尺度上进行,而只能在某个对象或过程的时间单位尺度和空间单位尺度上展开,这种时间单位尺度和空间单位尺度就是"粒度"和"幅度"。

粒度和幅度的变化既可以影响对格局的认识,也可以影响对过程的理解。申卫军等分别研究了空间粒度[3]和空间幅度[4]对景观格局分析的影响。在空间粒度对景观格局的影响方面,申卫军等以 2 种实际景观和 27 种模拟景观为研究对象,考查了 18 种常用景观指数在粒度变大而幅度不变的情况下的尺度效应。该研究发现,在只有空间粒度变化的情况下,不同的景观指数表现出不同的变化趋势,并且不同的变化趋势也表现出受到的主导影响因素的差异。通过对研究结果的分析可以发现,粒度的变化范围、空间数据聚合方式、分析景观类型的多少和景观指数的算法都可能造成尺度效应。在关于空间幅度变化对景观格局分析的影响研究中,申卫军等考查了 16 种常用格局指数在空间幅度变化而粒度不变情况下的变化趋势。该研究发现,空间幅度变化对这些景观指数有显著影响,并且有些景观指数的变化具有明确的可预测性,而另外的景观指数则没有明显的可预测性。

"粒度"和"幅度"是生态学家在生态学实验过程中的选择,涉及在空间或时间序列中被采集的数据的尺度特征——观测粒度是所选的分辨率的层次,观测幅度是观测所进行的整个范围或持续时间。"粒度"过大时,结果不够精确;"粒度"过小时,很难整体把握实验对象。对于"幅度",也存在类似状况。由于"粒度"和"幅度"的选择要么依赖于关联的框架和研究者使用的取样技术,要么依赖于所涉过程的界定(definition,或译"清晰度"),涉

---

① Wiens J A. Spatial scaling in ecology[J]. Functional Ecology,1989,3:385-397.
② Allen T F H,Hoekstra T W. Role of heterogeneity in scaling of ecological systems under analysis[M]// Kolasa J,Pickett S T A,eds. Ecological Heterogeneity. New York:Springer-Verlag,1991:47-48.
③ 申卫军等. 空间幅度变化对景观格局分析的影响[J]. 生态学报,2003,23(12):2506-2519.
④ 申卫军等. 空间幅度变化对景观格局分析的影响[J]. 生态学报,2003,23(12):2219-2231.

及在空间或时间序列中被采集的数据的尺度特征,因此,关于它们的"这些定义仅仅取决于数据收集方法的本质,它们不表达生态系统的任何潜在结构"[1]。例如,卫星图像具有特征化的粒度和幅度,它们由仪器测量地球表面的光谱特征来规定。再如一个鱼群的典型粒度可能是一个鱼的世代时间的尺寸,然而典型幅度可能是鱼群本身的大小或寿命。这些典型尺度往往不同于观测或实验尺度,后者的时间和空间维度总是由客观上可辨认的自然边界来规定。

如此一来,关于生态学实验对象的认识就会随着测量的粒度或幅度而变化。问题是:根据这样的"粒度"和"幅度",何以能够认识到生态学实验对象的"本征尺度"呢?

在此,肯普(Kemp)等指出,应该区分"粒度"或"幅度"的三个明显不同的语境:一是生态学实验研究对象的性质变化所依赖的"粒度"或"幅度"数据是否在自然中被观察;二是这些"粒度"或"幅度"数据,是否通过实验操作来采集;三是"粒度"或"幅度"是否是以自然系统的"内在尺度"[2]来测量。[3]一句话:"粒度"或"幅度"应该与生态学实验对象的"本征尺度"相一致,或者说,最好与生态学实验对象的"特征尺度"相一致。一般而言,粒度和幅度变化对格局分析的影响,和它们与研究现象之间的特征尺度之间的关系有关。如果粒度变大,超过了研究现象的特征粒度,那么很可能会无法检测格局变化;如果幅度从大于研究现象的特征幅度变化到小于研究对象的特征幅度,那么也可能无法测出格局结构。[4]

四、时刻关注生态学实验的尺度依赖

尺度效应与尺度依赖紧密联系在一起。生态学实验的尺度很可能会导致

---

[1] Kemp W M,Petersen J E,Gardner R H. Scale-dependence and the problem of extrapolation implications for experimental and natural coastal ecosystems,Chapter 1 [M]//Gardner R H,Kemp W.M,Kennedy V S,et al. Scaling Relations in Experimental Ecology[M]. New York:Columbia University Press,2001:10.

[2] 根据笔者前文分析,内在尺度不同于本征尺度,这里似乎应该用"本征尺度"更好。

[3] Kemp W M,Petersen J E,Gardner R H.Scale-dependence and the problem of extrapolation implications for experimental and natural coastal ecosystems,Chapter 1 [M]// Gardner R H,Kemp W M,Kennedy V S,et al. Scaling Relations in Experimental Ecology. New York:Columbia University Press,2001:10-12.

[4] 张娜. 生态学中的尺度问题:内涵与分析方法[J]. 生态学报,2006,26(7):2340-2355.

实验结果具有尺度依赖性。也就是说,生态学实验的结果只在一定尺度前提下有效,不能直接外推到其他尺度上。生态学往往是在受限的空间或时间尺度上进行的,尤其对于微宇宙实验和中宇宙实验而言更是如此。

对于微宇宙实验或中宇宙实验,可实现性更强,可以更好地控制实验条件,得出比较明确的认识。但是,实验所处的幅度却限制了实验观察和干预的范围。这样,在实验幅度之外的自然现象是否会按照实验幅度之内的预测来进行,或者说在实验中确定的生态学性质是否适用于自然状况,则具有不确定性,从而也就限制了实验结果外推到自然状况下的"有效性"或"实在性";生态学实验所处的幅度也可能导致影响生态过程的影响因子的差异。

例如,海岸生态系统中的浮游动物的种群丰度随着水的滞留时间(water residence-time)的递减而增加,直到滞留时间接近浮游动物的生殖时间尺度。超过这个时间尺度,浮游动物会从生态系统中被冲洗掉,而不能进行生殖,从而导致种群丰度突然下降。因此,如果实验水生生态系统的水的滞留时间发生变化,就可以导致对快速或慢速增长的浮游动物物种的淘汰,结果会让相关物种的丰度发生急剧变化。[①]

在这个案例中,水的滞留时间属于影响生态学性质的因子,具有尺度依赖性,这种因子的尺度依赖性就导致实验结果和自然结果之间的差异。

生态学实验的尺度依赖意味着,许多生态学性质会随着尺度的变化而变化,而这些性质的尺度依赖性一般可以从平均值和方差值两方面来定量地描述。一方面,生态性质的平均值常常展示了所属系统的连续性和随幅度的单调变化。比如,浮游栖息区和水底栖息区之间的相互作用随着湖泊或海湾的平均水深而变化,而海草生产者和生物量能直接随着有机沉积物的深度而变化。另一方面,生态性质的方差值变化往往会随着粒度的变化而变化。当观测粒度增大(幅度保持不变)时,粒度(或样本)之间的相对方差倾向于降低。相反,随着粒度越来越精细,不同观测之间的相对方差倾向于增加。[②]

在实验生态系统中,人工物的存在也会导致尺度依赖现象。实验生态系

---

① Gardner R H, et al. Scaling Relations in Experimental Ecology[M]. New York: Columbia University Press, 2001: 13-14.

② Gardner R H, et al. Scaling Relations in Experimental Ecology[M]. New York: Columbia University Press, 2001: 13-17.

统的人工物会随着时间尺度和空间尺度的变化而变化。在自然取样实验中，尺度依赖不仅受粒度和幅度大小的影响，还受幅度变化方式的影响，包括扩展的方向和起始位置。①定量描述这些尺度依赖关系，并进行可能的机制分析，是保证生态学实验结果的"实在性"和进行尺度推绎的重要依据。

根据生态过程和尺度之间的关系，研究尺度的变化会影响对生态过程的研究结果。大尺度的过程往往比小尺度的过程变化更平稳，影响不同尺度过程的控制因素也有差异。比如在姚依强等对华北落叶松树干液流速率的研究中，在日尺度上，由于液流速率受到环境因子的即时影响比较强烈，液流速率的变化程度就比较大；在月尺度上，液流速率的变化没有那么剧烈了。在这个案例中，影响不同时间尺度上过程的环境因子所起的作用也有差别。饱和水汽压差、空气相对湿度和太阳辐射强度在小时尺度上对液流速率的影响高于日尺度，土壤温度、空气温度和土壤含水量在日尺度上对液流速率的影响高于小时尺度。在月尺度上，饱和水汽压差、太阳辐射强度和空气温度都与液流速率关系密切。②

五、防止尺度归约、实验圈地和尺度失真

彼得森（Petersen）和赫斯廷（Hastings）认为，尺度难题来源于以下三个既相互交叉又截然不同的方面：尺度"归约"（reductions）、实验"圈地"（artifacts）和尺度"失真"（distortions）。③

所谓尺度"归约"，意味着相对于自然对应物的存在和生态过程的发生，缩小了生态学实验对象的空间，或者缩短了它的时间，或者同时缩小和缩短这两者，由此引起生态学实验对象的物质、能量以及生物交换等的复杂性衰减。

所谓实验"圈地"，主要是排除那些不想要的，但对实验有潜在影响的其他生物群的干扰。由于这些生物群偏好实验场所生境，排除了它们，势必引起生态学实验对象边界（这种边界不仅限于可见的物理维度，也应包括不可

① 张娜. 景观生态学[M]. 北京：科学出版社，2014：213.
② 姚依强，陈珂，王彦辉，等. 华北落叶松树干液流速率主要影响因子及关系的时间尺度变化[J]. 干旱区资源与环境，2017（2）：155-161.
③ Petersen J E, Hastings A. Dimensional approaches to scaling experimental ecosystems: Designing mousetraps to catch elephants[J]. The American Naturalist, 2001, 157（3）：324-333.

见的生物维度）的改变，以及相应的物质、能量与信息交换的改变。

所谓尺度"失真"，与尺度"归约"有关，主要指的是在生态模型的建立过程中，所利用的时间、空间、环境、生境和梯度变量等因子，与自然状态相比，存在失真，由此导致生态关系的幅度与强度被扭曲。如对于系统生态学对生态过程进行了粗粒化处理，强调了生态过程的时间尺度，忽视了群落或生态系统的自然史以及相应的进化过程中的时间尺度，使得生态模型中的时间尺度为常量。事实上，进化过程比生态过程要长得多、复杂得多，如此处理必然导致生态学实验对象历史的遗忘和缺失，物种及其相应的变化会被"隐藏"起来，造成现有生态格局形成机制解释的因果链的某些环节缺失，并由此导致对生态系统复杂性的描述失真。对此，生态学家评论道："生态学哲学对'任意妄为'的生态复杂性概念化的一个关键挑战是是否为它贴上了'历史'的标签……生态学家应该密切调研特定境况的自然史，并由实验检验关于这些情形的特定假说。"①

相反地，与系统生态学相比，关于历史进化这方面，种群生态学做得较好。种群生态学特别强调跨时空尺度背景下的种群自然演化历史，坚持每一个种群都被打上了特定时空尺度的烙印，不存在决定论的普遍的终极演化状态。它们把生物个体之间偶然性的变化——种群内特定时间和空间尺度发生的相互作用看作是本质上改变生态过程的关键变量；它们以进化为背景，视时间尺度为历史的、离散的，生态现象与过程为偶然性的"过去情境的综合"（composite of past conditions）。结果就是，这种解释有较高的准确度。至于其没有普适性，只有个案解释能力，无法提升生态科学的"预言力"，是问题的另一方面。

六、对自己以及他人所做的生态学实验之尺度进行反思

"尺度效应"表明任何一个生态学实验对象或现象不可能发生在任何尺度上，对象的格局和过程对于尺度是敏感的，同一生态学家或者不同的生态学家，当采用相同的或不同的时间尺度和空间尺度时，可能会得出不一样的

---

① Taylor P，Haila Y. Situatedness and problematic boundaries：Conceptualizing life's complex ecological context[J]. Biology & Philosophy，2001，16：521-532.

结论。在这种情况下，就需要实验者对自己所进行的实验进行反思，或者批判，或者辩护，以获得尺度识别、选择、分析或模拟的"正确性"。

如对于土壤，尤其对于森林土壤，是一个自然连续体，受地形、植被组成、根系和枯枝落叶等各种因素的影响，在不同尺度上呈现出明显的空间异质性。为了更好地反映土壤的这一特征，在进行土壤野外调查或实验时，就要选择恰当的尺度来进行。不过，对于某些生态学研究者，常常为了节省野外工作时间与分析成本，贪图方便，不进行必要的土壤取样设计，导致调查或实验结果可能存在较大的问题。为了采取科学的取样策略，更好地了解土壤空间变异性及其特征，自 20 世纪 70 年代以来，国外研究者应用传统的统计学方法与地统计学方法，对各种尺度的森林土壤如地带性的、地域性的、林分的、植物个体的、根际微域的以及土壤剖面的不同尺度的空间异质性进行了广泛研究，取得了许多有益的成果。不过，有学者指出，很多研究者在进行大尺度（小比例尺）空间变异分析时，常常忽视小尺度的变异，而在进行小尺度（大比例尺）空间变异研究时，大尺度上的变异往往由于比较微弱而被作为"随机变异"被忽视或降维扣除。[1][2]如何解决这一问题，就成为土壤生态学家乃至其他领域的生态学家必须考虑的。

曾宏达等采用网格法采样，对天然更新的次生阔叶林群落林分尺度（40 米×40 米）和植物个体尺度（2 米×2 米）的 0～20 厘米土壤分别取样 80 个和 64 个，测定 pH、有机质、全 N、水解 N、有效 P、速效 K 6 个指标。结合传统统计方法与地统计方法，分析在 2 种尺度下不同土壤性质空间变异特征与样本容量。研究结果表明，各土壤性质的变异系数、极差和半变异函数的基台值均随尺度的放大而增加；不同土壤性质变异性从大到小顺序依次为：有效 P>速效 K>有机质>全 N>水解 N>pH，说明在相同的精度要求和置信水平下，土壤性质的变异越大，其合理的取样数相应增加；半变异函数结构说明，除有效 P 和 pH 外，多数土壤空间变异主要受随机性因素影响，且无明显基台效应。最后，在对比分析 2 种尺度下土壤的空间变异特征和样本容量的基础上，探讨优化森林土壤的取样策略。这样的策略就是：地形可能是山区森林大于

---

① 李哈滨，王政权，王庆成. 空间异质性定量研究理论与方法[J]. 应用生态学报，1998，9（6）：651-657.
② 王政权. 地统计学及在生态学中的应用[M]. 北京：科学出版社，1999：65-101.

林分尺度土壤结构性变异的主导因子之一，因此，若土壤性质在较小的尺度下变程（空间自相关范围）仍较大，半函数无基台值结构为研究土壤空间自相关的特征及原因，则应考虑扩大取样尺度；对长期定位试验地森林土壤的研究，可根据特定情况对生态系统内部有明显特征区别的小生境（如小地形、林窗、簇生的林下植被）进行划分，采用分层取样，细化采样点布局。①

七、以"特征尺度"的识别、选择、分析为基础

在进行"尺度效应"分析的过程中，会发现当时间尺度、空间尺度越过某一域值时，生态学对象的结构、功能、性质和地位会呈现异质性的变化，此时，所涉及的临界尺度或尺度范围，称为"特征尺度"（characteristic scale）。

所谓"特征尺度"，与关键词 characteristic 含义紧密相关，这个词含有"特有的、独特的、表示特性的、显示……的特征的"之意，故"特征尺度"也可以被称作"特色尺度"或"特有尺度"。它针对的是：对于同一个生态学实验对象，其自身的性质是随时间、空间以及它们的尺度变化而变化的，不过，其变化在不同的时间尺度、空间尺度下呈现出不同的特殊性质；在某一尺度范围内，其性质本质不变，呈现量变，而一旦超过这一尺度范围，其性质本质发生变化，呈现某种异质性的变化，进入一个新的状态，从而使对象呈现出截然不同的特征，达到一个新的等级水平。如此，生态学中的"特征尺度"，表示的是同一个生态学对象（格局或过程）处于某一个特征的尺度域（domain of scale），当越过这一尺度域时，该生态学对象或者处于更低等级水平，或者处于更高等级水平。

这样一来，"特征尺度"应该含有三种尺度：与生态学对象某一特征相对应的时间尺度、空间尺度和组织尺度。组织尺度（organizational scale）"是指在由生态学组织层次（如个体、种群、群落、生态系统和景观等）组成的等级系统中的相对位置（如种群尺度、景观尺度等）"②，表示的是生态学实验对象处于某一等级水平所对应的尺度域，与特定的格局和过程等相对应，是

① 曾宏达，杨玉盛，陈光水，等. 不同尺度下森林土壤特性空间变异与取样策略[J]. 亚热带资源与环境学报，2008，3（3）：32-39.

② 邬建国. 景观生态学——格局、过程、尺度与等级（第二版）[M]. 北京：高等教育出版社，2007：17.

生态学实验对象在特征尺度下的非时间、非空间特征尺度。

由于组织尺度是根据不同层次或等级在自然等级结构中的不同功能，以等级理论为基础来界定的，因此组织尺度也被称为"功能尺度"（functional scale）。组织尺度可以自在存在，因为它涉及的是自然界自在存在的生物组成的结构，虽然从认识的方面看它要结合空间和时间才能具体地描述。

根据"组织尺度"的界定，它指向的是生态学研究对象在等级系统中所处的相对位置，这与尺度界定的第二种含义——等级相对应，可以称之为"等级尺度"。至于生态学研究对象的"等级尺度"究竟是什么，有何体现，值得进一步探究。从现在的研究来看，"组织尺度存在于等级系统之中，以等级理论为基础，是具体的，在等级结构中的位置相对明确，但其时空尺度是模糊的"①。

根据上面对"特征尺度"的界定，应该是一个"尺度域"，当越过这一尺度域时，生态学对象或处于高一层次，或处于低一层次，因此，它就涉及从该对象层次向高层次过渡或转折，以及从该对象层次向低层次过渡或转折两个方面，表示的是某个层次的生态学对象向处于高一级层次以及低一级层次之间那一层次的尺度范围，而不是两个相邻尺度域之间表示过渡或转折的某个（或某些）尺度。就此而言，我国学者关于"特征尺度"的下述定义——"在一个等级系统中，每个等级水平上格局或过程发生的尺度范围被称为'尺度域'。与尺度域不同，特征尺度是两个相邻尺域之间表示过渡或转折的某个（或某些）尺度，而不是一个尺度范围"②，是不恰当的，她把"特征尺度"界定为某个"临界值"了，事实上，"特征尺度"应该是一个尺度域，向两极延伸至"临界值"。

特征尺度是现象尺度，但现象尺度不一定是特征尺度。关于此，有学者认为："现象尺度是格局或影响格局的过程的尺度，它为自然现象所固有，而独立于人类控制之外，因此也被称为特征（characteristic）尺度或本征（intrinsic）尺度。"③这是值得商榷的。根据上述对"现象尺度""特征尺度""本征尺度"的分析，它们相互关联，但不是一回事，不能等同。"本征尺度"锚定在本体

---

① 张娜. 景观生态学[M]. 北京：科学出版社，2014：20.
② 张娜. 景观生态学[M]. 北京：科学出版社，2014：21.
③ 张娜. 景观生态学[M]. 北京：科学出版社，2014：21.

论意义上，是就生态学对象存在与尺度的内在不可分离性而言的；而"现象尺度"和"特征尺度"，就其字面而言，既可在本体论意义上也可在认识论意义上使用，由此导致它们之间关系的不同。

如果将"现象尺度"和"特征尺度"落实到本体论层面，那么，它们三者之间的关系如下："现象尺度"和"特征尺度"属于"本征尺度"但是并不能涵盖"本征尺度"。因为，无论从概念的内涵还是外延看，"本征尺度"都要大于"现象尺度"和"特征尺度"；"现象尺度"从字面上来说，是外在的、表面的，与"特征尺度"之"特色""特有"，以及"本征尺度"之"内在""本质"相对，将此当作或称作"特征尺度"以及"本征尺度"容易引起歧义；"特征尺度"从其内涵来看，是属于"本征尺度"的，应该是其具有"特色"以及"特有"的那一部分，不能涵盖"本征尺度"。

如果将"现象尺度"和"特征尺度"落实到认识论层面，那么，其应该是以本体论意义上的"现象尺度"和"特征尺度"承诺作为前提的，即认识者事先承认认识对象存在"现象尺度"和"特征尺度"，然后再努力去认识这样的"现象尺度"和"特征尺度"，最后得到关于"现象尺度"和"特征尺度"的认识。这样的认识是由认识者认识到的，理应是认识论意义上的，但是，由于其是基于本体论意义上的"现象尺度""特征尺度"承诺作出的，而且在认识过程中还进一步对这样的认识"真理性"进行辩护，即努力去保证认识到的"现象尺度"和"特征尺度"属于认识对象所固有的"内在尺度"，因此，认识论意义上的"现象尺度"和"特征尺度"也就具有了本体论的意义。这是生态学实验尺度关联的"实在性"的含义。

这样分析之后，前述学者对"现象尺度"的界定，就是值得商榷了："现象尺度"可以从本体论意义上看作是格局或影响格局的过程的尺度，独立于人类的控制之外，但是，也可以看作是认识论意义上的人类对所存在的格局或影响格局的过程的尺度的认识，依赖于人类；"现象尺度"和"特征尺度"以及"本征尺度"是不同的，不能将此称为"特征尺度"或"本征尺度"。

"特征尺度"是重要的。如对于景观生态学来说："某些生态学过程和动态可能在景观格局特征达到某一临界值时出现突变。意识到这种临界域现象的存在，找到这些阈值，并解释其可能的生态学意义，在理论和实践中都十分重要。"①例如，河岸带的植被覆盖度达到多大时，可显著截留地表径流中的可溶性氮，而覆盖度再增大时，植被的截留效应变化不大？适宜农田斑块的面积占整个景观面积的多少时，田鼠能够穿越大面积的景观，并且危害农作物？生境破碎化（与景观连通性相对）达到什么程度时，生境隔离效应开始表现明显，从而影响濒危物种在不同栖息地之间的迁移和基因交流？等等。

既然"特征尺度"如此重要，在生态学中，认识"特征尺度"就成为必须完成的一项工作。如果说前面所述"特征尺度"是本体论意义上的，为生态学实验对象所固有，那么，由实验者通过一定的方法认识到的"特征尺度"，就属于认识论和方法论意义上的，为生态学实验以及实验者所共有。认识论的和方法论的"特征尺度"应该与"本体论的"或"本征的""特征尺度"相契合，因此，在生态学实验过程中，探讨合适的方法，就是非常关键的了。

事实上，生态学实验系统所呈现出来的现象与过程以及实验结果是多尺度、多生态因子共振作用下的产物。生态学实验对象的属性，诸如空间异质性、生物的移动性、安全庇护场所、繁殖率、累积的变化因子等，要么是同时地要么是连续地对多个环境因子敏感。鉴此，生态学家很难客观地分析单个因子对这些属性的作用程度，并对这些各种不同的因子的作用进行恰当的评估和取舍，并进而纯化、提炼相关因子作为模型建构和分析的关键变量，所能做的往往是简化多尺度的生态关系，取消或扭曲某些生态因子，忽视尺度关联，模糊单个因子对环境条件的反应值与更大尺度的多因子对环境条件反应的联动效应，不加区分时间尺度与其他尺度和因子对生态过程的影响，产生一种所谓的"聚集错误"（aggregation error）。② 如在现有的实验设计中，不少模型就把多尺度的生态关系几乎全部简化为捕食与被捕食关系。但是，"生态的相互作用网络的量化应该基于个体在做什么，而不仅仅是物种之间谁吃掉谁"③。

在这种情况下，就需要采取相关措施，进行多尺度格局分析。"由于空间

---

① 张娜. 景观生态学[M]. 北京：科学出版社，2014：21.

② Englund G，Cooper S D. Scale effects and extrapolation in ecological experiments[J]. Advances in Ecological Research，2003，33：161-213.

③ Chave J. The problem of pattern and scale in ecology：What have we learned in 20 years? [J]. Ecology Letters，2013，16（S1）：4-16.

或景观异质性[①]的存在，生态过程作用范围和影响幅度的不确定和不明显，往往不能直接识别等级结构和特征尺度，而需要借助适当的多尺度空间格局分析方法。"[②]

生态学多尺度空间格局分析方法在景观生态学的研究中总的来说有三大类：景观指数法、空间统计学方法和分维分析法。

景观指数法为识别复杂景观以及斑块类型的等级结构和特征尺度提供有价值的信息，但仅适用于分析类型数据。景观指数的尺度图（scalogram）有时候会出现阶梯式的突变或转折，根据特征尺度的性质，这种突变或转折可能表明了特征尺度的存在。但是，不是所有的景观指数都能反映等级结构，即使那些能够反映等级结构的景观指数也具有不确定性。景观指数往往在不同层次表现出对等级结构或特征尺度的不同敏感性：有些指数可以用于识别较低水平的特征尺度，但无法识别较高水平的特征尺度；有些指数则可用于识别中间水平的特征尺度。[③]在具体的研究中，往往需要借助多个景观指数来识别特征尺度。比如，李栋科等在对黄河中下游农区景观异质性的研究中，利用了多样性指数（SHDI）、均匀度指数（SHEI）和蔓延度指数（CONT）三个景观指数去识别特征尺度。在这一研究中，三个景观指数都在2500米左右趋于稳定，因此2500米就被认为是被研究景观的特征尺度。[④]

景观指数法本身是一种单尺度分析方法，与之相比，空间统计学则是一种多尺度分析方法。空间统计学方法有很多种，主要包括半方差分析、空间自相关分析、尺度方差分析、聚块样方方差分析、趋势面分析、小波方差分析和谱分析等。这类方法根据相应指标随尺度变化的趋势和转折，可以检测

---

① 景观异质性指在一个景观系统中，景观要素类型、组合及属性在空间或时间上的变异性。其中，属性可以是具有生态学意义的任何变量，或者是类型变量（如植被类型、土壤类型），或者是数值型变量（如动物分布密度、植物生物量、热能、水分、养分和温度等）。变异性包括不均匀性和复杂性。景观异质性包括两个方面的含义：（1）景观各组成要素及其属性的不均匀性和复杂性；（2）景观大多是由结构和功能不同的低层次的异质斑块所构成的镶嵌体。景观异质性的概念既可适用于生态学系统，也可适用于社会-生态耦合系统。参见邬建国. 景观生态学——格局、过程、尺度与等级（第二版）[M]. 北京：高等教育出版社，2007：23.

② 张娜. 生态学中的尺度问题：内涵与分析方法[J]. 生态学报，2006，26（7）：2340-2355.

③ 张娜. 景观生态学[M]. 北京：科学出版社，2014：245-248.

④ 李栋科，丁圣彦，赵清贺，等. 基于特征尺度的黄河中下游典型农区景观异质性分析[J]. 河南大学学报（自然科学版），2014，5：550-556.

多尺度空间格局特征。[①]不同的空间统计学方法适用于不同的研究主题。高燕妮等以沈阳地区的三种景观类型为研究对象，分析了用二维小波方差分析进行景观特征尺度识别的"有效性"。一维小波分析往往受到样带选取方法和人为因素等影响，而二维小波分析可以克服这些缺陷，但二维小波分析则会受到分析尺度的限制，从而影响对特征尺度的识别的"有效性"。该研究认为通过重采样方法增加小波变换的尺度密度，可以在一定程度上提高尺度识别的"有效性"，但仍然无法做到精确识别。[②]由此可见，作为一类多尺度分析方法，空间统计学方法种类繁多，而且适用于不同类型的生态学系统。但是，各种空间统计学分析方法即便对于它们所适用的生态学系统，也具有各自的局限和不确定性。在生态学实验研究中，往往需要结合不同的空间统计学方法，进行统筹分析，才能在尺度识别上更有效地发挥作用。

分维分析法主要是通过分维数在尺度上的变化来识别等级结构或特征尺度。该方法既可以用于针对单个斑块和景观斑块镶嵌体的单尺度分析，也可以用于针对不同大小斑块的多尺度分析；既可以用于斑块类型数据，也可以用于数值型数据。[③]在景观生态学中，等级结构会使斑块或景观类型在不同尺度下有不同的分维数，如果超出了某一尺度域，统计分维数可能会表现出阶梯形或者折线形式，那么转折点就对应着特征尺度。[④]当无法直观地判断分维数的变化时，可以借助统计检验。张娜和李哈滨在关于景观指数的尺度图对于进行特征尺度识别的"敏感性"和"有效性"的研究中，以内蒙古锡林河流域的羊草草原为研究对象。如果统一考虑这个羊草草原斑块在整个流域的分布，那么分维数（PAFRAC）是一个常数，表明没有识别出特征尺度。但在对斑块大小进行区分之后会发现分维数不再是一个常数，再按照统计分布检验，可以发现显著差异。因此说明在该景观区域内存在特征尺度。[⑤]即便如此，

① 张娜. 景观生态学[M]. 北京：科学出版社，2014：210.
② 高燕妮，陈玮，何兴元，等. 基于二维小波分析的景观特征尺度识别[J]. 应用生态学报，2010，（6）：1523-1529.
③ 张娜. 景观生态学[M]. 北京：科学出版社，2014：210.
④ 王永豪. 东祁连山地景观特征尺度研究[D]. 甘肃：甘肃农业大学硕士学位论文，2011.
⑤ Zhang N, Li H B. Sensitivity and effectiveness and of landscape metric scalograms in determining the characteristic scale of a hierarchically structured landscape[J]. Landscape Ecology, 2013, 28（2）：343-363. 转引自张娜. 景观生态学[M]. 北京：科学出版社，2014：261.

分维分析法仍然具有方法论的局限性，适用范围有限。邬建国等人研究发现，景观生态学中的分维数在分辨率和研究范围大小有序变化的情况下，可能会出现无序变换，因此难以识别特征尺度。[①]

　　景观指数法、空间统计学方法和分维分析法是目前用于特征尺度识别的主要方法，但各种方法都具有局限性和不确定性。首先，各种方法都以数据采集和分析为前提，再对数据模式进行解释，从而识别特征尺度。但是，"由于数据聚合和分析方法本身的缺陷，并不是所有在多尺度分析中检测到的空间格局特征都与实际相符，因此，还需要对每种方法的检测能力进行理论上的评估和数学上的验证，并进行实例研究。同时，单个分析方法并不足够。因此，对于某个特定的问题，发展正确识别特征尺度的策略应该成为在发展单个方法基础上的更为重要的研究主题。鉴于不同方法各有其优劣，有必要同时使用两种或两种以上方法进行比较和相互印证，并综合分析不同方法的检测结果，或者发展融合不同方法优势的新方法"[②]。

八、保证生态学实验尺度推绎的"可靠性"

　　在生态学中，绝大多数实验是在小的时间和空间尺度内进行的。如克瑞夫（Kareiva）和安德森 1986 年对 1980～1987 年美国《生态学报》刊载的学术论文进行统计，发现其中有 50% 的实验是在直径不到 1 米的样方内进行的。[③]图尔敏（Tilman）根据他所统计的论文，发现其中仅有 7% 的实验研究持续时间多于 5 年，40% 的实验研究持续时间少于 1 年。[④]卡朋特等指出，涉及整个生态系统的实验只有少数，而且少数的这些实验常常没有经历重复或者做对照实验。[⑤]

　　这些小尺度内的生态学实验是重要的和必要的，对于认识以小尺度存在及其运行的生态学对象，具有重要的作用，而且实验的"可重复性"也较大。

---

① 王永豪. 东祁连山地景观特征尺度研究[D]. 甘肃：甘肃农业大学硕士学位论文，2011：5.

② 张娜. 景观生态学[M]. 北京：科学出版社，2014：210.

③ Kareiva P，Andersen M. Spatial aspects of species interactions：the wedding of models and experiments[M]//Hastings A. Community Ecology. Berlin：Springer-Verlag，1986：35-50.

④ Tilman D. Ecological experimentation：strengths and conceptual problems[M]//Likens G E. Long-Term Studies in Ecology：Approaches and Alternatives[M]. New York：Springer-Verlag，1989：136-157.

⑤ Carpenter S R，Chisholm S W，Krebs C J，et al. Ecosystem experiments[J]. Science，1995，269：324-327.

不过，其也存在一定的欠缺：时间尺度和空间尺度较小，往往很难说明大的时间尺度（如几十年或更长）和空间尺度（如区域景观尺度或更大尺度）上的生态学格局和过程。而且，很多生态学对象是以大尺度存在及其运行的，要认识它们就要在大尺度的时间和空间中进行。这是其一。其二，为了完整地认识生态学对象，甚至为了更好地认识小尺度上的生态学格局和过程，我们必须认识更大尺度的对象，并将此与小尺度上的对象和过程关联起来。第三，由于大多数生态环境问题发生在大、中尺度上，而且相应的生态保护也在这些尺度上进行，因此，必须认识这些尺度上的对象。在大尺度时间和空间范围内进行实验是重要的。在未来的一段时间内，加强大尺度的生态学实验，是一个趋势。

但是，由于大尺度的生态学实验需要耗费大量的时间和空间，所需的人力、物力、财力较大乃至巨大，实验的复杂性较高乃至很高，实验的"可重复性"较差乃至很差，因此，进行大尺度的生态学实验受到强烈的限制。

在这种情况下，一条有效的途径是将小尺度上生态学实验信息推绎到大尺度上，这叫"尺度上推"（scaling-up 或 upscaling），是种群生态学倾向的方法论；反之，就叫"尺度下推"（scaling-down 或 downscaling），是系统生态学倾向的方法论。

从目前生态学的发展看，"尺度上推"比较常见，其原因有两点：一是尺度上推的基础是关于小尺度的认识，这种认识"更符合实际，让实在论者更加满意，因此，追求具体的、典型的、小尺度的和细节性模型的，就成为生态学家的偏好。而一般的、大的尺度但较少'精确性'的模型，即便其可能是正确，也常常因为其太简单被放弃"[1]；二是生态学家受着传统科学还原论方法论的影响，往往遵循实验结果上向解释模式，由此尺度上推几乎成了生态学实验的常态。

不过，需要明确的是，"尺度下推"虽然并不常见，但也是必要的，因为大尺度的研究可以使我们了解那些在小尺度上观察不到的格局和过程，进而推进从全球到区域再到局部的"尺度下推"。

---

[1] Wennekes P L，Rampal J R，Etienne S. The neutral—niche debate：A philosophical perspective [J]. Acta Biotheoetica，2012，60：257 - 271.

　　"尺度上推"和"尺度下推"合称为"尺度推绎"。所谓"尺度推绎","是指把某一尺度上所获得的信息和知识扩展到其他尺度上,或者通过在多尺度上的研究而探讨生态学结构和功能尺度特征的过程;简言之,'尺度推绎'即为跨尺度信息转换"①。

　　"尺度推绎"是重要的,也是必要的,正因为如此,在生态学中被广泛研究。一项研究统计发现,在景观生态学的热词中,"尺度"一词在1987~2012年国际期刊《景观生态学》(*Landscape Ecology*)中出现的相对频率可达46%,"尺度"和"尺度推绎"合并出现的相对频率可达50%,"异质性"一词出现的相对频率高达84%。②

　　而且,"尺度推绎"也是复杂的。这种复杂性来源于生态学实验对象的复杂性:第一,对于同一个生态学对象,在不同的时间和空间尺度上,占据主导地位的格局和过程是不一样的;第二,在单一尺度上的观测结果只能反映该尺度上的格局和过程,当涉及几个层次或尺度的现象时,问题就变得复杂;第三,生态学系统内同一尺度或不同尺度上的组分之间的非线性关系是非常普遍的,这常常导致系统的不稳定性和不可预测性;第四,空间异质性无处不在,这使尺度推绎过程更加复杂。③

　　不仅如此,从本体论上看,小尺度的生态学实验对象与大尺度的生态学实验对象存在和演化机理不一样、特征属性不同质;小尺度过程往往受大尺度过程所制约,大尺度过程又是小尺度过程的自组织非线性相互作用的结果,尤其是在尺度域间的过渡带,混沌、灾变或其他难以预测的非线性交互作用等经常发生,从而导致大尺度格局具有相对于小尺度格局的涌现的特征。"由于大尺度的格局是涌现的,它们不能简单地依据小尺度过程的知识进行解释。"④

---

① 邬建国. 景观生态学——格局、过程、尺度与等级(第二版)[M]. 北京:高等教育出版社,2007:19.

② Wu J. Key concepts and research topics in landscape ecology revisited: 30 years after the Allerton Park workshop[J]. Landscape Ecology, 2013, 28 (1): 1-11.

③ 邬建国. 景观生态学——格局、过程、尺度与等级(第二版)[M]. 北京:高等教育出版社,2007:189.

④ Storch D, Gaston K J. Untangling ecological complexity on different scales of space and time[J]. Basic and Applied Ecology, 2004, 5: 389-400.

　　这是其一。其二，"较大的空间尺度常常比较小的空间尺度能整合较强的生物和非生物的异质性，包括个体中较大的基因型或表现型的变异。当遭遇物种内或物种之间和非生物资源之间的空间异质性和非线性相互关系时，假定线性尺度关系的简单外推不能提供好的预测。……尺度上推中的第二个障碍是，在较大的尺度中可能遭遇到研究范围之内另外的物种或生境。从研究单一或几个物种的相互作用的微观实验移向研究同样物种和相互作用的景观尺度的实验中，那些在微观实验研究中所测量到的直接效应可以被这些另外的物种的间接效应所掩盖。"①

　　"尺度上推"是困难的，也是不确定的，更容易产生错误。与此相比，有人认为"尺度下推"问题要少一些。辛德勒就认为："当我们用整个湖泊实验来校准和证实较小尺度实验时，它们恰当地代表了生态系统尺度过程的相互作用，这些结果一定程度上可以有信心地被外推到生态系统中。"②

　　这种观点有一定道理，但并不完全正确，因为尺度推绎之恰当性与生态学研究对象的特征紧密相关，如果对象的异质性和非线性相互作用不强，那么，将一个尺度上的结果直接外推到另外一个尺度，其偏差不会很大。

　　这样一来，关于生态学实验的尺度推绎与传统科学如物理学的尺度推绎有很大的不同。

　　对于传统的科学实验，遵循"简单性"原则、"还原性"原则、"因果性"原则，实施理想化实验，从而导致实验室环境、实验对象以及实现现象是封闭的、均衡的、空间上同质的、时间上可逆的，所获得的认识是标准的、明确的、数理逻辑的；研究系统与经验世界是同构的，被研究的对象、现象、过程、行为等特征与时间、空间尺度无关，当进行某一具体的推绎时，这种推绎或者独立于尺度（scale-independence），或者随着尺度变化而保持不变（scale-invariance），呈现出线性外推或幂法则（power laws）特征，尺度推绎具有"确定性"和"准确性"。

　　对于实验室实验或者数学模拟实验，处在一个极端，依赖的假定是平衡

---

① Underwood N，Hamback P，Inouye B D. Large-scale questions and small-scale date：Empirical and theoretical methods for scaling up in ecology [J]. Oecologia，2005，145：177-178.

② Schindler D W. Replication versus realism：The need for ecosystem-scale experiments[J]. Ecosystems，1998，1：323-334.

性、同质性以及绝对的封闭性，很可能具有很强的内部"正确性"，但是与自然世界没有什么直接的关系。此时，将关于它们的认识成果外推到更大尺度的自然界中的生态学对象时，是不成立的。对于野外实验，处于另一个极端，依赖的假定是自然生态系统的动态性、异质性以及开放性，外部"正确性"（生态学实验认识与自然界中的对象相符合的程度）得到了充分体现，但是是以牺牲内部"正确性"（本身认识的"正确性"程度）为代价。[①]介于之间的是生态系统模拟实验如微宇宙实验和中宇宙实验。它们的前提假定在某种程度上发生了变化。如中宇宙实验可以在容器中进行，其中可以保证系统的封闭性；或者中宇宙实验也可以在野外进行原地操作，从而让外部影响能够自由地对实验结果发挥作用。此时，"尺度外推"的可能性处于前两者之间。"真实的生态系统的变化是时间和空间的变化，以及受外部因素所影响。这些影响的量级（magnitude）可能取决于'系统'是如何界定的，进而这些假定的重要性也会相应改变。不同种类的生态学实验所处理的现实的程度是不同的，因而包含（有意地或无意地）这些假定的程度也不同。"[②]

图 7-2 展示的尺度推绎模式，可以粗略地表示上述"尺度推绎"的状况。

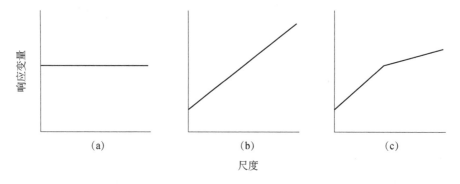

图 7-2　三种尺度推绎模式[①]

① Naeem，S. Experimental validity and ecological scale as criteria for evaluating research programs，Chapter 2[M]//Gardner R H，Kemp W M，Kennedy V S，et al. Scaling Relations in Experimental Ecology. New York：Columbia University Press，2001：223-252.

② Wiens J A.Understanding the problem of scale in experimental ecology，Chapter 2[M]//Gardner R H，Kemp W M.，Kennedy V S，et al. Scaling Relations in Experimental Ecology. New York：Columbia University Press，2001：63.

① Romme W H，Everham E H，Frelich L E，et al. Are large，infrequent disturbances qualitatively different from small，frequent disturbances?[J]. Ecosystems，1998，1：524-534.

在图 7-2（a）中，对象属于严格同质性和均衡性的系统，响应变量的强度不随尺度的变化而变化，在这种情境下，在任意尺度下的研究和实验的结果都可以无损地外推到其他尺度上，可以完全不用考虑尺度及其尺度推绎。

在图 7-2（b）中，是存在尺度依赖的。但是，响应变量的值随尺度单调变化，尺度依赖性的形式在一定尺度范围内保持不变，尺度推绎关系能够表达为等式。其中生态响应变量 y 是线性的，为变量 x 的单调函数。物种－区域关系——物种的丰度是区域的幂函数——就是这样一个著名的例子。[①]此时，尺度推绎等式为一个尺度到另一个尺度的推断提供基础；一旦推演出等式，尺度推绎的外推也就可以径直获得了。

在图 7-2（c）中，响应变量的值随尺度单调变化呈现尺度阈值（threshold）。这些阈值划定出尺度域，也就是分段的尺度谱。在同一尺度域内，其中格局和过程之间的关系至少确保比例不变（比如幂律函数），从而可以进行外推。但是，一旦达到并且越过这一阈值，将会造成尺度推绎关系的非线性变化，从而使得简单尺度推绎等式的推测存在显著的偏差。此时，外推就出现问题了。[②]

上述的论述充分说明，在生态学中，实验结果的"有效性"只能局限于较小的范围，如果想把结果与因此而建立的模型应用到更大（或更小）的系统，还必须考虑它的普适与"实在性"问题，否则可能导致错误的结论。邓根（Dungan）等认为："在一个等级系统中，各等级水平系统的结构和功能不尽相同，故从一个等级水平上系统的性质来推测另一个等级水平上系统的性质是很困难的，其结果常常导致错误的结论，即所谓的生态学谬误（ecological fallacy）。"[③]

如此，探讨并选择合适的尺度推绎的方法或途径，遵循一般的尺度推绎指南，以提高并保证尺度推绎的"可靠性"，这成为生态学实验者必须解决的问题。

---

① Harte J，McCarthy S，Taylor K，et al. Estimating species-area relationships from plot to landscape scale using species spatial turnover data[J]. Oikos，1999，86：45-54.

② 当然，如果研究者不想把实验结果外推，那么此时对外推困难的担心就是多余的。但是，几乎没有生态学实验者不想把他们得到的结果扩展到其他系统或其他尺度上，因此，对这种情形下的外推困难的担心在生态学界是普遍存在的。

③ Dungan J L，Perry J N，Rale M R T，et al. A balance view of scale in spatial statistical analysis[J]. Ecography，2002，25：626-640.

当前，尺度推绎是在等级理论、分形理论和地统计学的区域随机变量理论基础上进行的。这些理论既为尺度推绎的可行性提供了依据，同时也为尺度推绎设定了限制。

等级理论认为，系统的不同层面之间存在着物质、能量和信息方面的交流，较高层次和较低层次之间具有完全包含或不完全包含的关系。系统的不同等级层次之间具有耦合和相互作用的关系。这种关系一般表现为两种状况：其一，高层次对低层次具有制约作用，低层次为高层次提供动态机制和功能特性；其二，一个系统中同一等级层次之间的作用有时较为强烈，可能表现出竞争或排斥作用。[①]按照等级理论提供的自然图景，尺度推绎是可能的。不过，等级理论也表明，在不同尺度域之间可能出现突变或混沌等状况，因而会限制尺度推绎的可行性。

分形理论表明分形体的整体和部分之间具有自相似结构，也就是说存在不随尺度变化的结构形态。因此可以利用分形特征在不同尺度之间进行推绎。但这时候的尺度推绎不能超出自相似结构之外，否则就会产生较大的误差；而且，对于非分形体而言，不存在自相似结构，也就无法用分形理论来进行尺度推绎。在不同尺度的过程之间进行推绎的时候，要考虑不同过程之间是否有足够的关联。

根据统计学原理，可以通过计算赫斯特指数（Hurst exponent）来衡量过程的可预测性。[②]在赫斯特指数值为 0.5 的时候，事件的过程为随机分布，这时候进行尺度推绎就有很大困难，或者产生无效的结果。另外，统计理论之所以能在物理化学中运用很成功，在于物理化学系统粒子数量庞大、同质，遵循同一规律在有明确边界的系统内运动。统计理论能在生态学中得到广泛应用，也在于生态系统的生物种类数量的繁多以及生物行为或生态过程的随机性很强等特征符合统计规律。但是，我们也应该看到生态系统与物理化学系统的区别。它们至少表现在：生态实体多数是处于时空异质状态、在系统内并不是均匀分布、也无法做到等概率地捕食或被食；没有明确的边界能够保证生物、物质、能量自由地流进和流出，或者说，这些边界是为了研究的

---

① 郭达志，方涛，杜培军，等. 论复杂系统研究的等级结构与尺度推绎[J]. 中国矿业大学学报，2003，32（3）：213-217.

② 李双成. 自然地理学研究方式[M]. 北京：科学出版社，2013：188.

方便而人为划定的。这些方面的不确定性足以导致实验系统生态现象与过程解释的"实在性"出现问题，更遑论把这些结果外推到更大尺度的生态系统。正因为这样，奥德姆和巴特雷就说："即使同样的实验设计可以被应用到不同尺度，但是随着尺度的增加，要想找到能够保证可靠的统计推理结论的足够的生态系统研究单元愈加不可能了。这不是生态学家没有足够的决心，也不是他们担心被斥为'小思想家'（small thinkers），而只是由于自然界的特点所决定的。大尺度的自然格局和作用很难用小尺度的调查来确定。在预定的研究尺度上，收集足够的数据用现代统计方法做出有力的推理是有难度的。"①

尺度推绎途径主要包括基于相似性原理的尺度推绎途径、基于局域动态模型的尺度上推途径、多尺度空间相互作用模拟途径。这些方法各有特点，但也具有一定的局限性，限于篇幅，不再多述。②

在这种情况下，应该进行生态学实验尺度推绎的结果的不确定性分析，包括观测和取样的误差、空间异质量、变量之间的非线性关系、数据的多样性、可靠数据的缺乏、模型结构（包括关系式、参数和变量）及尺度推绎技术上的问题等方面。

这是解决问题的一方面，另外一方面是："①如何使来自不同学科、不同途径的尺度推绎理论和方法更好地被包容、综合和互补，以及在解决具体问题时，如何适当地使用它们，以便形成和发展一种综合的、多元的尺度推绎范式；②更加充分地保留或揭示过程及其影响因素或响应结果的空间异质性；③理解跨尺度过程机制在尺度推绎中的作用；④尺度推绎的理论很少，现有途径或方法的局限性和零散性很强，缺乏系统的跨尺度推绎的指导性概念框架。"③

吴（Wu）和李（Li）也提出了一般性的尺度推绎战略指南：将野外观测、实验和数学模型相结合，整合自上而下和自下而上的模型途径；运用格局、过程和尺度之间相互关系的已有知识来简化和促进尺度推绎过程；借助景观指数和空间统计学进行尺度分析，确定特征尺度的尺度域或尺度界限，是尺

---

① 奥德姆，巴雷特. 生态学基础[M]. 第 5 版. 陆健健，王伟，王天慧，等译. 北京：高等教育出版社，2009：430-431.
② 张娜. 景观生态学[M]. 北京：科学出版社，2014：214-216.
③ 张娜. 景观生态学[M]. 北京：科学出版社，2014：217.

度推绎的第一步，因为一般而言，同一尺度内或相邻尺度间的尺度推绎比较容易，而跳跃尺度域的信息转化往往比较困难，甚至不可能；尽量多地定量描述多个尺度上的空间异质性，以便选择适宜的尺度推绎方法，减少整个尺度推绎的不确定性；选择尺度推绎方法必须考虑其假设条件、数据要求、适用不确定性水平以及是否与研究目的相辅相成；基于相似性原理的尺度推绎方法常以简单的统计学方法（如回归和相关分析）为手段，它在发现和预测格局方面很有用，而且可以提供直接的尺度推绎方程；尺度推绎，一定会存在误差，因此，要把不确定性分析视为尺度推绎的一部分，这可以为尺度推绎模型或计算方法是否准确或确定提供适宜性关键信息。①

　　从目前生态学实验对"尺度"的处理看，几乎没有对时间尺度、空间尺度之于生态学实验对象之内在的，不可分离的、本质的意义展开探讨，而仅仅在经典力学外在时空观的框架内，将时间尺度和空间尺度作为工具来对生态学实验对象的相关属性进行度量。这还远远不够，未来要做的就是加强生态学对象的时间、空间属性研究，明确区分并且界定内在时空和外在时空，在此基础上，对生态学实验的对象尺度及生态学实验对象的操作尺度展开研究，恰当地选择、分析、操作、推绎时间尺度和空间尺度，以使生态学实验对象的操作尺度与生态学实验的对象尺度相一致，并最终获得对生态学实验对象的正确认识。

---

① Wu J，Li H. Perspectives and methods of scaling[M]//Wu J，Jones K B，Li H，Loucks O L（eds.）. Scaling and Uncertainty Analysis in Ecology：Methods and Applications. Dordrecht：Springer，2006：17-44.

"顺应"而非"规训"自然的生态学实验

　　生态学不同于传统科学。这种不同的根本之处在于前者研究的是自然界中存在的对象和现象，目标是要真实反映自然界中存在的对象和现象；而后者是为了获得对认识对象的认识。

　　为了有效地获得对认识对象的认识，传统科学的工作者在各种理论的指导下，运用各种实验仪器，进行实验室实验，干涉实验对象，迫使实验对象展现其在通常情况下不可能展现出来的现象，并进而认识这一现象。这样一来，这一实验对象和现象在很多时候就不是自在地存在于自然界中，而是人类在实验室中创造的；实验室规律是科学规律，是实验者在实验室中经过一定的实验操作所产生的人工自然规律，但不是自然规律。"科学规律与自然规律是不同的，它是我们在实验的'现象制造'基础上，经由科学理论建构出来的，用以解释实验事实（又称科学事实或人工事实）。如果没有实验建构和理论建构，即如果没有科学家在实验室里运用一定的科学仪器，渗透相应的理论，进行特定的操作，相应的科学对象乃至科学现象就不存在，对该对象所获得的认识结果——相应的科学规律就不会存在，我们也就不会发现这样的规律。"①科学知识社会学的代表人物谢廷娜将此称为"实验室的事实建构"或者"知识的制造"②；科学实践哲学的代表人物劳斯（Rouse）将此称为"实验室的'规训'"，即实验者把实验室看成是自己实施权力的场所，在严格封闭和隔离实验室空间的前提下，运用一定的实验仪器，精心地、规则化地干

————————

①　肖显静. 从工业文明到生态文明：非自然性科学、环境破坏与自然回归[J].自然辩证法研究，2012，28（12）：52.

②　Knorr-Cetina K. The Manufacture of Knowledge[M]. Oxford：Pergamon Press，1981.

涉和操作实验对象并产生实验现象，然后严密监控和追踪实验对象和现象。一句话，实验室是权力的诞生地和实施地，是一个规训机构，一个体现权力关系的场所。③

上述"实验室的事实建构"和"实验室的'规训'"，一方面为人们有效地或高效地认识对象创造了条件，另一方面由此产生了严重的环境问题。根据"实验室的事实建构"，实验室科学是在事实建构、现象制造中完成对自然的认识的，由此获得的不是对自然规律的认识，而是对实验室中人工自然规律的认识；这样的人工自然规律被用于改造自然时，势必与自然界中存在的自然规律相矛盾，而且所生产出来的人工物也势必与自然物相冲突，由此造成环境破坏④；根据"实验室的'规训'"，所获得的科学知识只能是实验室中的"地方性知识"，只具有特定的实验室背景下的普遍性，不具有"放之四海而皆准"的普遍性，因此，当将这样的科学知识应用于具体实验时，就要"规训"地方环境，使之尽量与实验室环境相一致，由此造成环境破坏。⑤

要解决上述问题，就要改变科学的上述"建构""规训"特征，"回归"自然，"顺应"自然，直接面向大自然展开认识。由于大自然自身是具体的、地方性的、异质的，因此，"回归"及"顺应"自然的科学理应把重点放在对地方环境的认识上，以获得各种各样的"地方性知识"。这样的"地方性知识"，不是基于"实验室实践"背景下的"地方性知识"，而是直接面对自然的"地方性知识"，是"真正的自然科学"。它所获得的认识，更多的是"回归自然"及"顺应自然"的认识或"地方性认识"，可以将此称为"地方性科学"。"地方性科学"既经济又环保，能够实现人类与自然的和谐发展和可持续发展，是科学发展的必由之路。⑥

以上述"地方性科学"的概念来考察生态学，生态学也是一种"地方性科学"。它直接面对的是自然生态环境，研究的是自然界中存在的生态现象。也正因为这样，生态学实验就与传统科学实验具有本质的不同，是"顺应"

---

③ 约瑟夫·劳斯. 知识与权力——走向科学的政治哲学[M]. 盛晓明，邱慧，孟强，译. 北京：北京大学出版社，2004：251.

④ 肖显静. 实验科学的非自然性与科学的自然回归[J]. 中国人民大学学报，2009，23（1）：105-111.

⑤ 肖显静. 科学之于环境：从"规训"走向"顺应"[J]. 思想战线，2007，43（2）：167-172.

⑥ 肖显静. 走向"第三种科学"：地方性科学[J]. 中国人民大学学报，2007，31（1）：148-156.

自然而非"规训"自然。这是由生态学实验认识的对象和目的决定的，是生态学实验必须遵循的原则，也是生态学实验之本。试想，一个走向"人工建构"和"规训"的生态学实验如何能够保证其获得生态环境的认识，又如何保证将这样的认识应用于生态保护具有恰当性？为了自然，为了人类的未来，进行"回归"自然以及"顺应"自然的生态学实验，是生态学工作者应该遵循的基本原则。

（1）在实验的分类上，传统科学实验基本上是实验室实验，分为定性实验、定量实验、析因实验、模拟实验、理想实验等，而生态学实验大多是野外实验，按照实验自身的时空特征、对象特征、作用特征等，分为测量实验、操纵实验、宇宙实验、自然实验等。这是与传统科学实验分类不同的。不过，进一步根据分类学的一般原则以及文献研读，发现现有文献中对生态学实验的分类存在一定的欠缺：标准不统一、划分不全、多出子项、越级划分、概念混淆等。对此欠缺，应该改善。

（2）在实验的特征上，传统科学实验是"实验室的事实'建构'"以及"实验室的'规训'"，是在干涉对象（包括自然对象和人工对象）的基础上获得对对象的认识的；而对于生态学实验，更多地直接面向大自然，进行实验。其中的"测量实验""观测"自然，"操纵实验""处理"自然，"宇宙实验""模拟"自然，"自然实验""追随"自然。如此，生态学实验的目标就是面向、观察、追随、模拟自然界中自在状态的生物（包括人类）与环境之间的关系，以最终达到认识这种关系的目的。这是实在论的而非建构论的，更多的是在逼近"自然发生"的条件下进行的，"追寻"并且"发现"自然，属于自然的"回归"，具有"自然性"的本质特征。这种特征与传统科学实验的本质特征"建构性"有着根本性的差别。

（3）在实验仪器的选择和使用上，生态学实验的"自然性"特征对其施加了原则性的限制。在传统的科学实验中，仪器的一个最主要作用是现象的"制造"。而在生态学实验中，仪器的最主要作用是展现并且测定自然，由此使得生态学实验仪器或者属于哈雷所称的"作为世界系统模式的仪器"，或者属于"因果地关联于世界的工具"，而不属于其所称的"仪器—世界复合体"。出于生态学实验的目的，生态学实验仪器主要地不是在"干涉"自然的过程中获得对自然的认识，而是在"追随"自然的过程中尽量去获得对自然的自在状态的认识。这体现了生态学实验仪器"回推自然"以及与自然相一致的特性，也决定了生态学实验仪器由"室内"走向"室外"，由"理想"走向"在线""现场"，由"标准"走向"自制"。

（4）在实验的"真实性"上，传统科学实验着眼于实验对象或实验现象的客观存在，而不考虑这样的实验对象或实验现象是自在存在还是人工存在，而且传统科学实验的人工建构性和标准化，也使得其"准确性""精确性"和"真实性"呈现一致性。但是，对于生态学实验，所面对的"真实性"，不是以实验呈现出来的对象或现象的客观存在为标准，而是以自然界中是否存在如实验所展现的对象或现象作为标准的。由于自然界中存在的生态学对象或现象具有复杂性、整体性和历史性，因此，关于对此对象或现象所进行的生态学实验认识具有复杂性，不能同时获得"有效性""准确性""精确性"和"真实性"，如此，就要在这几个认识要素之间寻找某种平衡，测量真实事物以确立"有效性"，降低系统误差以提高"准确性"，增加"精确性"以实现其与"真实性"的双赢。

（5）在实验的"可重复"上，要区分"可重现"、"可再现"和"可复现"。对于传统的科学实验的"可重复"一般来说是比较高的，对于生态学实验，"可重复"存在诸多困难。在本体论上，主要有自然的变异性以及大尺度的限制等原因，对此，采取的对策是：或者使用易于处理的生物或生态系统来阐明相关过程，或者选择那些同质性的或平衡的系统进行研究，或者模拟自然进行微宇宙实验；在认识论上，生态学实验对象的复杂性、有机整体性、历史性决定了对它的相关认识的正确性受到限制，这直接影响到实验的"可重复"，为此，准确确定实验场所，清楚界定相关概念等，就成为必需，由此能够达到生态学实验的"正确性"（"实在性"）与"可重复"的双赢；在方法论上，不完整的实验报告以及缺乏相关的方法细节，是造成生态学实验"可重复"困难的重要原因，鉴此，完善实验报告和评审体制，提供实验细节原始记录，执行严格的论文评审标准，就成为必需；在价值论上，学术不端行为如 p 值篡改、择优选择、结果已知之后假设等，成为实验"可重复"困难的一个重要方面，必须杜绝。

　　不仅如此，在贯彻生态学实验"可重复原则"的过程中，应该具体情况具体分析，采取相应的应用策略：对于"不可重复的"生态学实验，不可强求其"重复"，以贯彻"可重复原则"，可以分析其原因，有条件地加以改善——如果代价太大可以按照不同于原来的生态学实验进行"可再现"实验；如果代价不大，可以按照"可重复原则"进行"重复"实验，否则，可以另辟新径，进行"对照实验"或"自然重现"；在贯彻"可重复原则"的过程中，不能偏爱生态学实验的"可重复性"，降低乃至牺牲生态学实验的"真实性"，也不能偏爱生态学实验的"真实性"及其论证，损害其"可重复性"；不能偏爱生态学实验的"正面"结果而嫌弃其"负面"结果，弃"负面"结果于不顾，进而不采取"可重复原则"对此进行"重复"实验。这种生态学实验"可重复原则"的应用策略与传统科学是不一样的。

　　（6）在进行生态学实验的过程中，要特别防止"伪复现"现象的发生。生态学实验"伪复现"是一个"真问题"，应该在澄清"伪复现"概念内涵的基础上，针对生态学研究的具体实践，加深对"伪复现"意义及价值的理解，确定其应用的边界及其策略，更好地推进生态学实验研究。这是其一。其二，调查分析国内外生态学实验论文文献，发现"伪复现"发生的概率还是比较高的。这应该引起生态学者的高度重视，在生态学实验过程中，理解并且识别"伪复现"，减少乃至避免此类现象的发生。

　　（7）在进行生态学实验的过程中，要特别关注时间尺度、空间尺度问题。对于生态学实验对象，时间尺度和空间尺度并非外在于它们且与它们无关，或者外在于它们且与它们有关，而是内在于它们且与它们不可分离。如此，时间尺度和空间尺度就成为生态学实验对象不可缺少的部分，成为其本质特征的一部分。由此，对于生态学实验对象的时间和空间尺度选择、分析、推绎等，应该遵循一定的原则，以保证所获得的相关认识与自然生态系统相一致。这样的原则包括：按照生态学实验对象尺度操作实验，正确处理时间、空间与生态学实验对象的关系，选择恰当的"粒度"和"幅度"进行实验，时刻关注生态学实验的尺度依赖，防止尺度简化、实验圈地和尺度失真，对自己以及他人所做的生态学实验之尺度进行反思，以"特征尺度"的识别、选择、分析为基础，保证生态学实验尺度推绎的"可靠性"，等等。

后 记

　　本书是我承担的 2013 年度教育部人文社会科学研究规划基金项目"生态学实验实在论与建构论研究"（项目批准号：13YJA720019）的成果。之所以进行这项研究，主要原因在于：在生态学实验的具体实践中，生态学研究者们确实面临着如何进行实验以真实再现生态现象的问题。对这一问题的回答，既涉及具体的科学研究，也涉及抽象的科学哲学，需要进行相关的科学实在论研究。

　　为了使研究更加有效地进行，我采取的技术路线是：将生态学实验实在论的哲学研究置于生态学及实在论的框架内，在充分吸收生态学哲学（生态学方法论）和实验哲学（新实验主义和 SSK 实验室研究等）最新研究成果的基础上，针对生态学实验的具体案例，对所涉论题深入探讨，得出相关结论。具体而言，就是：

　　（1）将一般与特殊相结合。将科学哲学尤其是科学实验哲学的一般结论，应用于生态学实验的实在研究，再概括得出生态学实验实在论的一般结论。

　　（2）将理论与实践相结合。以生态学研究为背景，针对具体的生态学实验案例进行分析，得到有关生态学实验实在论的理论认识，再将此应用于具体的生态学实验实践分析中。

　　（3）将文献研读与哲学分析相结合。在充分吸收国内外相关文献的基础上，深入研读，疏理出思想脉络，并对相关论题进行哲学分析。

　　经过上述研究之后，本书提出了一些问题，澄清了一些概念，指出了一些错误，提出了一些措施，给出了一些原则。当然，鉴于本项目国外研究较少，国内还没有进行，可供直接参考的科学方法论的文献以及哲学文献没有，间接文献很少，因此，对于本项目研究，只能从生态学实验研究的科学文献中抽象出相关结果。这无疑增加了研究的难度，也无形中会造成本书存在这样那样的问题，在此敬请生态学方面的专家以及科学哲学方面的专家批评指正。

应该说，本书是为生态学工作者以及科学哲学工作者写的。对于生态学工作者，目的是让他们了解生态学实验的分类、内涵，明确生态学实验的原则和目标、地位和作用，理解生态学实验"真理性"的追求与哪些因素有关，并在此基础上恰当地设计、实施和评价生态学实验，推动生态学研究；对于科学哲学工作者，目的是让他们深刻理解生态学实验不同于传统科学实验的分类内涵、"自然性"特征、"真实性"追求、实验仪器的选择、"可重复"困难、"伪复现"的表现、时空尺度的限制等，认识生态学实验与传统科学实验之间的本质区别，明确生态学实验实在论的追求，反思新实验主义以及 SSK 实验室研究等的得失，丰富科学实在论和科学实验哲学研究。

本书有没有达到这一目的呢？我们拭目以待，翘首期盼。

本书前六章或者是在正式发表的一系列论文的基础上修改、扩充、完善而成，或者相关内容被压缩、精炼，以论文的形式发表。这些论文包括《生态学实验分类概况、欠缺及完善》(《地理研究》，2013 年第 4 期)、《生态学实验"伪重复""真""假"之辩》(《山西大学学报》(哲学社会科学版)，2013 年第 3 期)、《生态学实验仪器的"自然回推"》(《科学技术哲学研究》，2017 年第 5 期)、《生态学实验的"自然性"特征分析》(《自然辩证法通讯》，2018 年第 3 期)、《生态学实验"可重复"困难的原因及对策》(《科技导报》，2018 年第 6 期)、《生态学实验"可重复原则"的应用策略》(《科学技术哲学研究》，2018 年第 3 期)、《科学实验"可重复"的三种内涵及其作用分析》(《自然辩证法研究》，2018 年第 7 期)、《生态学实验真实性的追求——以有效性、准确性、精确性的考量为基础》(《科技导报》，2018 年第 17 期)。本书第七章有待进一步完善并发表的论文包括《生态学实验尺度概念辨析》《生态学实验对象尺度的客观性》《生态学实验尺度关联的实在性追求》等。

本书第一章、第二章、第六章为我和我的博士生林祥磊（现为曲阜师范大学讲师）共同完成，其余章节为我独立完成。正式书稿完成后，我所指导的博士后董心、赵绪涛，博士生张正华、王雯、张建鑫、张菁如、张亚玲、江学如、刘龙飞、梁艳丽，硕士生崔嘉惠、杨倩倩、何萌亚、黄琼镱进行了校对。在此，对他们表示衷心感谢！

特别感谢科学出版社科学人文分社侯俊琳社长、邹聪责任编辑等，感谢他们对我的一遍遍修改的宽容和他们的辛勤劳动。他们的工作使本书在形式上臻于完美。

肖显静

2018 年 6 月 2 日

于广州大学城华师砚湖畔